楼宇智能化工程技术系列"十三五"规划教材

# 楼宇通信网络系统的安装与维护

◎刘向勇　编　著

U0190584

重庆大学出版社

# 内 容 提 要

　　本书参照网络布线施工及验收国家标准,以及智能楼宇管理师国家职业标准,以一间办公室到校园总机房为工程案例,详细阐述了综合布线的工作区子系统、管理间子系统、水平子系统、设备间子系统、垂直子系统、建筑群子系统等。同时每个项目中讲述了与之相关的通信原理基础,使学生能够真正做到理论联系实际。

　　本书内容源于工作实际,方法较为实用,通俗易懂,图文并茂。本书知识面较宽,起点较低,比较全面系统地阐述了楼宇通信网络系统的安装与维护方法,同时讲解了通信原理的理论知识。本书既可作为高职高专、技工学校、中职中专学生的教材,也可以作为从事楼宇综合布线施工、维护的技术工人的入门读物。

**图书在版编目(CIP)数据**

楼宇通信网络系统的安装与维护/刘向勇编著.—重庆:
重庆大学出版社,2017.1
中等职业教育机电设备安装与维修专业系列教材
ISBN 978-7-5689-0394-3

Ⅰ.①楼…　Ⅱ.①刘…　Ⅲ.①智能化建筑—通信网—
中等专业学校—教材　Ⅳ.①TU855②TN915

中国版本图书馆 CIP 数据核字(2017)第 020625 号

## 楼宇通信网络系统的安装与维护

刘向勇　编　著
策划编辑:周　立

责任编辑:文　鹏　邓桂华　　版式设计:周　立
责任校对:关德强　　　　　　责任印制:赵　晟

\*

重庆大学出版社出版发行
出版人:易树平
社址:重庆市沙坪坝区大学城西路21号
邮编:401331
电话:(023)88617190　88617185(中小学)
传真:(023)88617186　88617166
网址:http://www.cqup.com.cn
邮箱:fxk@cqup.com.cn(营销中心)
全国新华书店经销
重庆升光电力印务有限公司印刷

\*

开本:787mm×1092mm　1/16　印张:12.75　字数:302千
2017年2月第1版　2017年2月第1次印刷
印数:1—2 000
ISBN 978-7-5689-0394-3　定价:28.00元

# 前言

为了贯彻落实"国务院关于大力推进职业教育改革与发展的决定",大力推进职业教育结构调整,实现专业与产业对接、课程内容与职业标准对接、教学过程与生产过程对接、学历证书与职业资格证书对接、职业教育与终身学习对接,在充分调研和企业实践的基础上,编写了本书。

本书参照了智能楼宇管理师中级工、高级工、技师的职业标准,根据技术工人理论够用为准的原则,强化应用,突出实践技能操作。本书按照项目设计,共有7个项目:办公室通信网络(工作区子系统)的安装与维护、楼层弱电间通信设备(管理间子系统)的安装与维护、办公室到楼层弱电间通信线路(水平子系统)的安装与维护、办公楼中心机房通信设备(设备间子系统)的安装与维护、楼层弱电间到办公楼中心机房通信线路(垂直子系统)的安装与维护、办公楼中心机房到校园总机房通信线路(建筑群子系统)的安装与维护、办公室到校园总机房通信线路安装工程验收。

本书可以作为高等职业院校、中等职业院校和技工学校智能楼宇、计算机、通信工程、物业管理相关专业的教科书,也可以作为相关企业职工的参考资料和培训教材。

本书由中山市技师学院刘向勇老师编著,中山市技师学院黄锦旺老师参与实训项目的制作及照片的拍摄,中山市技师学院梁海珍老师对本书进行了审阅。在本书编写过程中得到了各兄弟院校的大力支持和帮助,并提出了许多宝贵意见,在此一并致以衷心感谢。同时,在编写过程中,编者参阅了网络上大量的相关资料,由于均未署名,无法列出相关名字,在此一并表示感谢。

由于编者水平有限,错误和不妥之处在所难免,敬请各位读者批评指正。

编 者
2017 年 1 月

# 目录

**项目一　办公室通信网络的安装与维护** ····················· 1
　任务一　办公室(工作区子系统)通信设备的认识 ········ 2
　任务二　办公室(工作区子系统)通信网络的安装与维护
　　　　 ······················································· 10
　任务三　理论探索:为什么网线要用双绞线的形式 ······ 31

**项目二　楼层弱电间通信设备的安装与维护** ················ 37
　任务一　楼层弱电间(管理间子系统)通信设备的认识 ···
　　　　 ······················································· 37
　任务二　楼层弱电间(管理间子系统)通信设备的安装与
　　　　 维护 ················································· 43
　任务三　理论探索:电话、手机、计算机、电视等通信方式有
　　　　 何共同点 ············································· 52

**项目三　办公室到楼层弱电间通信线路的安装与维护** ······ 58
　任务一　办公室到楼层弱电间(水平子系统)布线设备的
　　　　 认识 ················································· 58
　任务二　办公室到楼层弱电间(水平子系统)通信线路的
　　　　 安装与维护 ·········································· 65
　任务三　理论探索:为什么一条网线可以同时传输多个计
　　　　 算机信号 ············································· 91

**项目四　办公楼中心机房通信设备的安装与维护** ········· 101
　任务一　办公楼中心机房(设备间子系统)通信设备的认
　　　　 识 ·················································· 102
　任务二　办公楼中心机房(设备间子系统)通信设备的安
　　　　 装与维护 ············································ 107
　任务三　理论探索:上网流量是如何计算出来的 ········ 113

**项目五　楼层弱电间到办公楼中心机房通信线路的安装与维护**
　　　　　　　　　　　　　　　　　　　　　　　　　　120

　　任务一　楼层弱电间到办公楼中心机房（垂直子系统）布线
设备的认识 ……………………………………………… 121

　　任务二　楼层弱电间到办公楼中心机房（垂直子系统）通信
线路的安装与维护 ……………………………………… 127

　　任务三　理论探索：手机、电话、QQ 语音等通话时，听到的
声音为何与真声不同 …………………………………… 141

**项目六　办公楼中心机房到校园总机房通信线路的安装与维护**
　　　　　　　　　　　　　　　　　　　　　　　　　　148

　　任务一　办公楼中心机房到校园总机房（建筑群子系统）布
线设备的认识 …………………………………………… 149

　　任务二　办公楼中心机房到校园总机房（建筑群子系统）通
信线路的安装与维护 …………………………………… 155

　　任务三　理论探索：光纤通信比电缆通信好在哪里 …… 172

**项目七　办公室到校园总机房通信线路安装工程验收** … 177

　　任务一　办公室到校园总机房通信线路安装工程物理验收
　　　　　　　　　　　　　　　　　　　　　　　　　　177

　　任务二　办公室到校园总机房通信线路安装工程文档验收
　　　　　　　　　　　　　　　　　　　　　　　　　　188

　　任务三　理论探索：蓝牙传输与 Wi-Fi 传输有什么不同 …
　　　　　　　　　　　　　　　　　　　　　　　　　　190

**参考文献** ……………………………………………………… 198

# 项目一
# 办公室通信网络的安装与维护

学校新建一栋办公大楼,每一层均设有若干间办公室。现有一间办公室欲作为楼宇智能化技术专业教研室全体教师办公所用。楼宇专业教研室共有8位专业教师,因此,该办公室设置8张办公桌,布置如图1-0-1所示,实物图如图1-0-2所示。

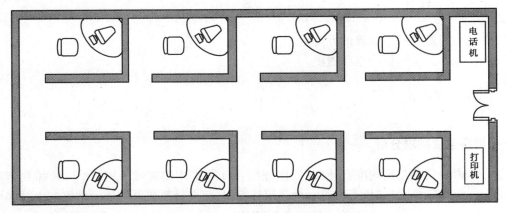

图 1-0-1　办公室布置图

图 1-0-2　办公室实景图

GB 50311—2007《综合布线工程设计规范(含条文说明)》中,明确规定了综合布线系统工程"工作区"的基本概念,工作区就是"需要设置终端设备的独立区域"。工作区是指需要安装计算机、打印机、复印机、考勤机等网络终端设备的一个独立区域。本工程中的办公室即为一个工作区,办公室布线即为工作区子系统布线。

# 任务一　办公室(工作区子系统)通信设备的认识

### 任务目标

终极目标:熟练讲解工作区子系统通信设备的工作原理及用途。
促成目标:1. 了解工作区子系统通信设备的类型及适用场合。
　　　　　2. 掌握工作区子系统通信设备的使用方法。

### 工作任务

1. 参观一间通信网络完善的办公室。
2. 画出该办公室通信网络布置图。

### 相关知识

## 一、网络通信需求分析

办公室内 8 张办公桌均配有计算机,保证每台计算机均能有线上网。8 位教师共用一部电话机和一台打印机,打印机旁配有一台公用计算机,每台计算机能够通过网络连上打印机进行打印,如图 1-1-1 所示。由于部分教师会用到笔记本电脑进行办公,因此,要保证该间办公室能够无线上网。

## 二、网络通信设备认识

### 1. 施工图纸查看

首先查看办公室布置图纸,然后根据图纸及通信要求进行布线规划,在设计过程中综合布线管理员应该注意以下两点:

①要进行实地勘察,严格根据办公室平面图设计具体的网络通信走线图。

②核算各种施工材料的使用量及工程预算(本书不作详细讲解)。

施工前必须做好规划和预算,审批通过了才能开展后续工作。另外,在整体的设计中要尽量美观,节约成本。办公室通信网络布线设计图如图 1-1-1 所示。在布线设计图中需要明确各部分线路的含义:

①A 段网线的一端连接到隔断上的 RJ11 信息模块(电话用),另一端从隔断内部延伸到墙体。

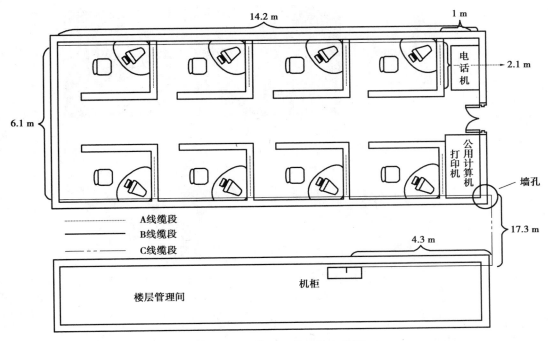

图 1-1-1　办公室通信网络布线图

②B 段网线安置于固定在墙上的塑料线槽内,并且沿着办公室的墙壁将所有网线汇集到图 1-1-1 中右下角的网络交换机。

③B 段网线继续沿着塑料线槽从墙壁的底角垂直延伸到顶角,最终从墙孔穿出到外侧走廊。

④C 段网线在走廊中与来自其他办公室的网线一起从吊顶上的走线架延伸到楼层管理间,网线进入管理间后连接到相应机柜的配线架上。

2. 网络布线设备的认识

(1)信息模块以及水晶头

信息模块统计:由于有 8 张办公桌,保证每位教师的计算机均能上网,每个办公桌需要安装一个信息模块(插座),如图 1-1-2 所示,共 8 个。同时,配备一台公用计算机,放置在打印机旁边,供连接打印机所用。因此,打印机旁也需要装一个信息模块。分析可知,办公室需要 9 个 RJ45 网络信息模块,还需要安装一个 RJ11 信息模块,供电话使用。出于冗余方面的考虑,信息模块一般有 3% 的预留,本例需购买 11 或 12 个信息模块。

水晶头统计:一个办公桌需要使用 1 根跳线,即两个 RJ45 水晶头,共需 9×2 = 18(个),如图 1-1-3(a)所示。每个信息点都要与网络交换机相连,均需 1 个水晶头,共需 9 个。一般要预留 10% ~ 15% 余量,水晶头的使用量为(18+9)×(1+15%) ≈ 32 个。另外,还需两个 RJ11 水晶头,如图 1-1-3(b)所示,供电话使用。

(2)线槽

PVC 线槽是综合布线系统的基础性材料。PVC 线槽由槽板和槽盖组成,每条线槽的总长度为 3.8 m。针对本工程,根据办公室长宽高进行计算,办公室内总共需要约 37 m 的线槽,包括环绕在办公室墙壁上的 3 段线槽,以及将网线从底侧墙角引到顶角的 1 段线槽,预留一定余

3

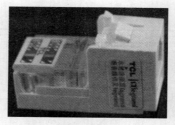

图 1-1-2　信息网络模块

（a）RJ45水晶头　　　　（b）RJ11水晶头

图 1-1-3　水晶头

量,作为备份。

　　线槽规格是按照宽度($b$)和高度($h$)来决定,如图 1-1-4 所示。常用的规格有:20×10,24×14,39×19,59×22,120×80,160×100,200×100,200×160,300×150。按型号可分为:PVC-20,PVC-25,PVC-30,PVC-40,PVC-50,PVC-100 等,单位为 mm。线槽的规格选择,一般按照布线的总面积来选择,布线的总面积必须小于线槽面积的 70%,因此在工程施工时先选择好线槽大小,线槽大小的计算方法如图 1-1-4 所示。

$$线槽截面积 = \frac{线槽截面积 \times n}{70\%}$$

$n$：表示用户所要安装的线缆数量
70%：表示布线标准规定允许的空间

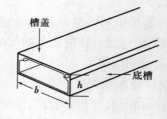

图 1-1-4　线槽尺寸

　　本工程线槽中最多放置 9 根双绞线,另外,在施工布线时需要布放 1～2 根备用网线。因此,选用 PVC-40 规格的线槽比较合适。另外,槽与槽之间连接处需要两个直转角和两个阴角,如图 1-1-5 所示。

　　（3）底盒

　　一般墙面安装 86 系列面板(图 1-1-6)时,配套的底盒有明装和暗装两种,如图 1-1-7 所示。在新建的智能建筑中,信息插座一般与暗敷管路系统配合,信息插座盒体采用暗装方式,在墙壁上预留洞孔,将盒体埋设在墙内,综合布线施工时,只需加装接线模块和插座面板。在已建成的建筑物中,信息插座的安装方式可根据具体环境条件下采取明装或暗装方式。

　　明装底盒一般为白色塑料盒,外形美观,表面光滑,外形尺寸比面板稍小一些,为长84 mm、宽 84 mm、深 36 mm,底板上有两个直径 6 mm 的安装孔,用于将底座固定在墙面,正面

| 阴角 | 平三通 |
|---|---|
|  |  |
| 阳角 | 直转角 |
|  |  |
| 大小转换头 | 终端头 |
|  |  |

图 1-1-5　线槽及转角连接

图 1-1-6　面板

（a）暗装底盒　　（b）明装底盒　　（c）方形地弹插座　（d）圆形地弹插座

图 1-1-7　底盒

有两个 M4 螺孔,用于固定面板,侧面预留有上下进线孔。

　　暗装底盒常见的有金属和塑料两种,如图 1-1-8 所示。塑料底盒一般为白色,一次注塑成型,表面比较粗糙,外形尺寸比面板小一些,常见尺寸为长 80 mm、宽 80 mm、深 50 mm,5 面都预留有进出线孔,方面进出线,底板上有两个安装孔,用于将底座固定在墙面,正面有两个 M4 螺孔,用于固定面板。

　　安装在地面上或活动地板上的地面信息插座,是由接线盒体和插座面板两部分组成。插座面板有直立式(面板与地面成 45°,可以倒下成平面)和水平式等几种。线缆连接固定在接线盒体内的装置上,接线盒体均埋在地面下,其盒盖面与地面平齐,可以开启,要求必须有严密防水、防尘和抗压功能。在不使用时,插座面板与地面齐平,不得影响人们日常行动。

图 1-1-8　暗装底盒

本工程采用明线敷设方式,因此要采用明装底盒。根据前述,供需安装 10 个底盒(9 个网络信息模块和 1 个电话模块)。

(4)网线

办公室网线使用量根据公式进行计算:

$$C = [0.55 \times (L+S) + 6] \times n$$

式中　$L$——离交换机最远的信息点距离;

　　　$S$——离交换机最近的信息点距离;

　　　$n$——信息点总数;

　　　0.55——备用系数。

根据公式中的参数,估算的办公室网线使用量约为 208 m。

需要明确:对于本案例而言,总共只需要 9 根线,可以计算得更加精确一些,但如果是负责整个楼层甚至整个楼宇的布线,而工程的甲方要立刻知道一个大致的预算。

补充知识:

电缆总长度的计算公式有 3 种,另外两种如下:

①订货总量(总长度 $m$)=所需总长+所需总长×10%+$n$×6

其中,所需总长指 $n$ 条布线电缆所需的理论长度,所需总长×10% 为备用部分,$n$×6 为端接容差。

②总长度($m$)=$(A+B)/2 \times N \times 1.2$

其中,$A$ 为最短信息点长度;$B$ 为最长信息点长度时,就可以使用上述计算方法了;$N$ 为楼内需要安装的信息点数;1.2 为余量参数(富余量)。

得出总长度以后,用线箱数=总长度/305(双绞线一般以箱为单位订购,每箱双绞线长度为 305 m),不足 1 箱的按 1 箱计算。

注意事项:用不同的公式计算可能会得出不同的答案,主要是对网线富余量的考虑不同。当信息点数量较多、信息点位置较分散时,误差也会增大,具体购买多少往往是根据计算数量结合布线工程师的经验判断。

网线型号的选择:双绞线通常分为三类、四类、五类、超五类、六类、七类双绞线等类型,原则上数字越大,版本越新,技术越先进,带宽也越宽,当然价格也越贵。我们在为局域网选购线材时一般来说是选购五类或超五类网线,因为三类、四类双绞线一般是使用在 10 Mb/s 的以太网中,而五类双绞线能满足现在日趋流行的 100 Mb/s 的以太网,超五类双绞线主要用于将来的千兆网上,但现在也普通应用于局域网中,因为价格方面比五类线贵不了多少,现在已有六类线了,一般用于 ATM 网络中,公司局域网中暂时还不推荐采用。目前三类、四类线在市场上几乎没有了,如果有也不是以三类或四类线出现,而是假以五类,甚至超五类线出售,这是目前假五类线最多的一种。目前在一般局域网中常见的是五类、超五类或者六类非屏蔽双绞线,超五类和六类非屏蔽双绞线可以轻松提供155 Mb/s的通信带宽,并拥有升级至千兆的带宽潜力,因此,成为当今水平布线的首选网线。而双绞线又可分为屏蔽双绞线和非屏蔽双绞线,大多数局域网使用非屏蔽双绞线(UTP—Unshielded Twisted Pair)作为布线的传输介质来组网,网线由一定距离长的双绞线与RJ45头(水晶头)组成。

五类网线是由4对双绞线和一个塑料外皮构成,如图1-1-9所示。五类线的标志是"CAT5",带宽100 M适用于百兆以下的网。线对的颜色分别为白橙、橙、白绿、绿、白蓝、蓝、白棕和棕,裸铜线径为0.5 mm,绝缘线径为0.92 mm,UTP电缆直径为5 mm。

图1-1-9　五类网线

超五类非屏蔽双绞线是在对现有五类屏蔽双绞线的部分性能加以改善后出现的电缆,不少性能参数,如近端串扰、衰减串扰比、回波损耗等都有所提高。超五类双绞线也是采用4个绕对和1条抗拉线,如图1-1-10所示。线对的颜色与五类双绞线完全相同,分别为白橙、橙、白绿、绿、白蓝、蓝、白棕和棕。裸铜线径为0.51 mm(线规为24AWG),绝缘线径为0.92 mm,UTP电缆直径为5 mm。超五类非屏蔽双绞线也能提供高达1 000 Mb/s的传输带宽,但是往往需要借助于价格高昂的特殊设备的支持。因此,通常只被应用于100 Mb/s的快速以太网,实现桌面交换机到计算机的连接。如果不准备以后将网络升级为千兆以太网,那么不妨在水平布线中采用超五类非屏蔽双绞线。

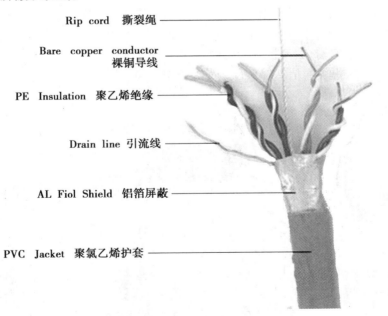

Rip cord　撕裂绳

Bare copper conductor　裸铜导线

PE Insulation　聚乙烯绝缘

Drain line　引流线

AL Fiol Shield　铝箔屏蔽

PVC Jacket　聚氯乙烯护套

图1-1-10　超五类网线

六类非屏蔽双绞线的各项参数都有大幅提高,带宽也扩展至250 MHz或更高。六类双绞线在外形和结构上与五类或超五类双绞线都有一定的差别,不仅增加了绝缘的十字骨架,将双绞线的4对线分别置于十字骨架的4个凹槽内,而且电缆的直径也更粗,如图1-1-11所示。电缆中央的十字骨架随长度的变化而旋转角度,将 4 对双绞线卡在骨架的凹槽内,保持 4 对双绞线的相对位置,提高电缆的平衡特性和串扰衰减。另外,保证在安装过程中电缆的平衡结构不遭到破坏。六类非屏蔽双绞线裸铜线径为 0.57 mm(线规为 23AWG),绝缘线径为 1.02 mm, UTP 电缆直径为 6.53 mm。

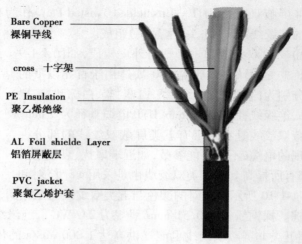

图 1-1-11 六类网线

（5）网络交换机

本工程办公室有 9 台计算机需要上网,因此,办公室需要配置一台网络交换机。网络交换机(Net work Switch)是集线器的升级换代产品,是带有多个端口的长方体。网络交换机可以起到扩大网络的作用,为其下的网络提供更多连接端口,可以使多台计算机同时连接,如图 1-1-12所示。从广义上来看,交换机分为两种:广域网交换机和局域网交换机。广域网交换机主要应用于电信领域,提供通信基础平台。而局域网交换机则应用于局域网络,用于连接终端设备,如 PC 机及网络打印机等。

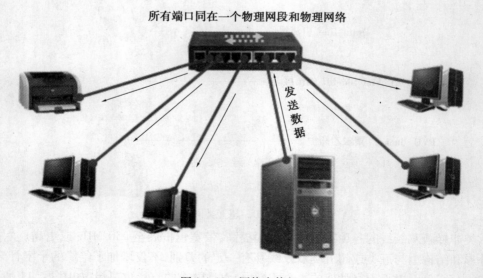

图 1-1-12 网络交换机

（6）无线路由器

由于有些教师使用笔记本电脑无线上网,办公室需要设置无线网络,因此需要装一个无线路由器,如图 1-1-13 所示。无线路由器可以看作一个转发器,将宽带网络信号通过天线转发给无线网络设备(笔记本电脑、支持 Wi-Fi 的手机、平板以及所有带有 Wi-Fi 功能的设备)。

图 1-1-13　无线路由器

 **任务实施**

**一、任务提出**

①参观学校一间网络通信设施完善的办公室。
②认真了解办公室中每一个通信设备,并作记录。

**二、任务目标**

①能够独自讲解各通信设备的工作原理。
②掌握各通信设备的使用方法。

**三、实施步骤**

①由任课教师与学校后勤或 IT 部门进行沟通,选择合适的办公室进行参观,并确定参观时间。
②教师要提前对参观对象进行深入了解,提前给学生进行讲解,使学生对参观对象有初步了解。
③学生参观时,要遵守各项规章制度,认真听取 IT 专业技术人员的讲解。
④学生要做好记录,重点了解该办公室各通信设备的工作原理。
⑤撰写参观实训报告,画出该办公室通信网络布置图。

**四、任务总结**

任务实施过程中,要时刻注意安全。采用分组形式,以便每位学生都能听到技术人员的讲解,每位学生都能看到各通信设备。教师要随时与学生在一起,不能让学生单独进行操作。

任务结束后,学生要完成相应的实训报告书。

**思考与练习**

1. 简述工作区子系统所用的通信设备。

2. 思考:如果不用信息网络模块及底盒,能否实现办公室网络通信? 若能,请设计网络通信布置图。

# 任务二　办公室(工作区子系统)通信网络的安装与维护

**任务目标**

终极目标:会按国家标准正确安装办公室通信网络设备。

促成目标:1. 会正确使用通信网络设备安装工具。

　　　　　2. 掌握办公室通信网络设备的安装方法。

　　　　　3. 掌握无线路由器的设置步骤。

**工作任务**

1. 按图纸安装办公室通信网络设备,确保办公室计算机能正常上网。

2. 正确设置无线路由器,确保办公室能实现无线上网。

**相关知识**

## 一、主要安装工具的认识

### 1. 线槽剪

双色包胶手柄线槽剪,规格 7 寸,刀头采用 3CR13 不锈钢精工锻造,刀口特殊热处理,剪切锋利刀口带剥线孔,锁扣及弹簧设计,操作简单、方便,如图 1-2-1 所示。剥线缺口用来剥导线外皮,扣锁在用完线槽剪把剪闭合锁上,防止刀口磨损。

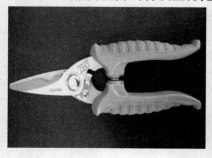

图 1-2-1　线槽剪

## 2. 冲击钻

冲击钻为双重绝缘设计,操作安全可靠,使用时不需要采用保护接地(接零),使用单相二极插头即可,使用时可以不戴绝缘手套或穿绝缘鞋。为使操作方便、灵活有力,冲击电钻上一般带有辅助手柄,如图1-2-2所示。手提移动电钻时,必须握住电钻手柄,移动时不能拖拉橡套电缆。橡套电缆不能让车轮碾轧和足踏,防止鼠咬。

冲击钻必须按材料要求装入 $\phi 6 \sim 25$ mm 允许范围的合金钢冲击钻头或打孔通用钻头,如图1-2-2所示。严禁使用超越范围的钻头。冲击钻更换钻头时,应用专用扳手及钻头锁紧钥匙,杜绝使用非专用工具敲打冲击钻。

图 1-2-2　冲击钻及钻头

## 3. 压线钳

在双绞线网线制作过程中,压线钳是最主要的制作工具,网线钳功能多,结实耐用,是信息时代和现代家庭常备工具,如图1-2-3所示,能制作RJ45网络线接头、RJ11电话线接头、4P电话线接头,集成网线钳所有功能,能方便进行切断、压线、剥线等操作。

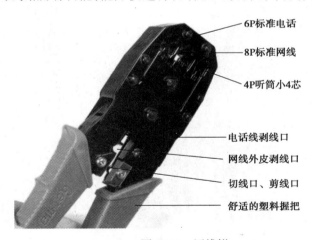

图 1-2-3　压线钳

## 4. 剥线器

剥线器不仅外形小巧且简单易用,操作时,只需把线放在相应尺寸的孔内并旋转3~5圈即可除去缆线的外护套,如图1-2-4所示。

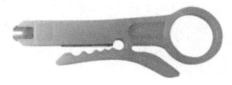

图 1-2-4　剥线器

**5. 打线钳**

打线钳适用于线缆与各类模块和配线型等连接作业。打线钳的本体是用塑胶制,而头部采用特殊材料制造,使打线钳使用更加耐用、轻巧,并附加起子及拉线器功能,压线剪线同时完成,如图 1-2-5 所示。

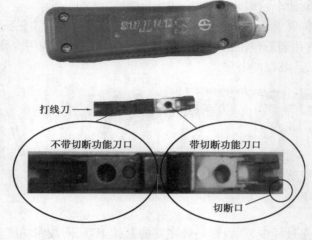

图 1-2-5　打线钳

**6. 网络测试仪**

网络测试仪用来对双绞线 1,2,3,4,5,6,7,8,G 各线对逐根(对)测试,并可区分判定哪一根(对)错线、短路或开路,如图 1-2-6 所示。使用时,把开关打到"ON"为正常测试速度,打到"S"为慢测试速度。测试方法:打开电源,将网线插头分别插入主测试器 8P 口和远程测试器 8P 口上,主机指示灯从 1 至 G 逐个顺序闪亮,说明接线正常。如果接线不正常,会出现以下情况显示:

图 1-2-6　网络测试仪

①当一根网线如 3 号线断路,则主测试器和远程测试器端 3 号灯都不亮。

②当有几条线不通,则几条线都不亮,当网线少于两根线连通时,灯都不亮。

③当两头网线乱序,例 2,4 线乱序,显示为:主测试器 1-2-3-4-5-6-7-8-G,远程测试器 1-4-3-2-5-6-7-8-G。

④当网线有两根短路时,则主测试器不亮,而远程测试器端显示短路的两根线灯都微亮,若有 3 根以上(含 3 根)短路时则所有短路的几条线号的灯都不亮。

⑤若测配线架和墙座模块,则需两根匹配跳线引到测试仪上。

## 二、办公室(工作区子系统)设备安装原则认知

### 1. 优先选用双口插座原则

一般情况下,信息插座宜选用双口插座。不建议使用3口或者4口插座,因为一般墙面安装的网络插座底盒和面板的尺寸为长86 mm,宽86 mm,底盒内部空间很小,无法保证和容纳更多网络双绞线的曲率半径。

### 2. 插座高度300 mm原则

在墙面安装的信息插座距离地面高度为300 mm,在地面设置的信息插座必须选用金属面板,并且具有抗压防水功能。在一些特殊应用情况下,信息插座的高度也可以设置在写字台以上位置。

### 3. 信息插座与终端设备5 m以内原则

为了保证传输速率和使用方便及美观,GB 50311—2007规定,信息插座与计算机等终端设备的距离宜保持在5 m范围内。

### 4. 信息插座模块与终端设备网卡接口类型一致原则

GB 50311—2007规定,插座内安装的信息模块必须与计算机、打印机、电话机等终端设备内安装的网卡类型一致。例如,终端计算机为光模块网卡时,信息插座内必须安装对应的光模块。计算机为六类网卡时,信息插座内必须安装对应的六类模块。

### 5. 数量配套原则

一般工程中大多数使用双口面板,也有少量的单口面板。因此在设计时必须准确计算工程使用的信息模块数量、信息插座数量、面板数量等。

### 6. 配置电源插座原则

在信息插座附近必须设置电源插座,减少设备跳线的长度。为了减少电磁干扰,电源插座与信息插座的距离应大于200 mm。

### 7. 配置软跳线原则

从信息插座到计算机等终端设备之间的跳线一般使用软跳线,软跳线的线芯应为多股铜线组成,不宜使用线芯直径在0.5 mm以上的单芯跳线,长度一般小于5 m。

### 8. 配置专用跳线原则

工作区子系统的跳线宜使用工厂专业化生产的跳线,不允许现场制作跳线,这是因为现场制作跳线时,往往会使用工程剩余的短线,而这些短线已经在施工过程中承受了较大拉力和多次拐弯,缆线结构已经发生了很大的改变。另外,实际工程经验表明在信道测试中影响最大的就是跳线,在六类、七类布线系统中尤为明显,信道测试不合格主要原因往往是两端的跳线造成的。

### 9. 配置同类跳线原则

跳线必须与布线系统的等级和类型相配套。例如在六类布线系统必须使用六类跳线,不能使用五类跳线,在屏蔽布线系统不能使用非屏蔽跳线,在光缆布线系统必须使用配套的光缆跳线,光缆跳线使用室内光纤,没有铠装层和钢丝,比较柔软。国际电联标准对光缆跳线的规定是橙色为多模跳线,黄色为单模跳线。

**任务实施**

POINT PLUS

## 一、任务提出

①现学校有一间办公室需要安装通信网络,施工设计图纸已经制作完成,请按图纸正确安装各通信设备。

②购有一台无线路由器,请正确设置该无线路由器,实现办公室无线上网。

## 二、任务目标

①会正确使用通信网络设备安装工具。

②掌握办公室通信网络设备的安装方法。

③掌握无线路由器设置的步骤。

## 三、实施步骤

(一)固定线槽

1. 开线槽

一般线槽的槽底和槽盖都是合在一起的,在开始剪线槽之前要把它们分开。先用螺丝刀在线槽一个头上撬开一个小口,然后把螺丝刀放在小口里,用螺丝刀划开整条线槽,注意手不要靠近线槽,如图 1-2-7 所示。

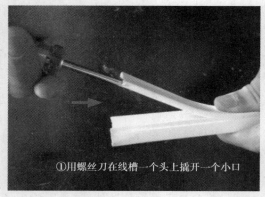
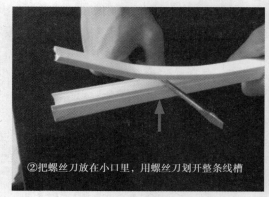

①用螺丝刀在线槽一个头上撬开一个小口　　②把螺丝刀放在小口里,用螺丝刀划开整条线槽

图 1-2-7　开线槽

2. 固定线槽

(1)定位画线

根据施工设计图的要求,先在办公室墙上确定网络插座的位置,从网络交换机位置开始,按照图纸上线缆的走向划出线槽的敷设线路。线槽布线工艺要求有:①走最短距离的路径;②线槽与建筑物基线保持一致;③"横平竖直",弹线定位。

按规定划出线槽底板的固定点,线槽底板固定点之间的直线距离不大于 500 mm,起始、终端、转角、分支等处固定点间的距离不大于 50 mm。画线时最好用装有颜色的粉线袋或长刻度尺。为了使线路安装得整齐、美观,塑料槽板沿房屋的线脚、横梁、墙角等处敷设,与建筑物的线条平行或垂直,如图1-2-8所示。

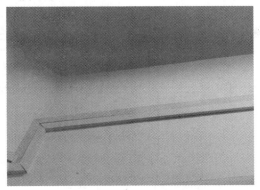

图1-2-8 线槽与墙角平行

(2)槽板固定

本工程采用明线槽施工方法。将槽板固定在水泥墙上,槽板不能埋入或穿过墙壁,也不允许直接过楼板。墙面明装PVC线槽,有两种固定方式:①直接向水泥中钉铁钉固定,如图1-2-9所示;②先打塑料膨胀管,再扭螺钉固定,如图1-2-10所示。

图1-2-9 直接铁钉固定

(a)钻孔　　　　　　　(b)塑料膨胀管　　　　(c)固定在墙上的塑料膨胀管

  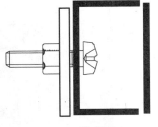

(d)螺钉　　　　　　　(e)固定槽板　　　　　　(f)横截面

图1-2-10 螺钉固定

槽板拼接时,根据线路走向的不同可以分为对接、转角拼接、T形拼接和十字拼接等方式,如图 1-2-11 所示。

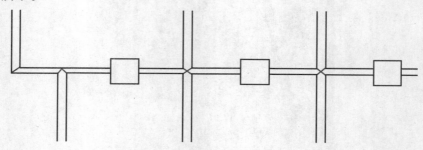

图 1-2-11　槽板拼接

①对接。将对接的两块槽板的底板或盖板端头锯成 45°断口,交错紧密对接,底板的线槽必须对正,但注意盖板和底板的接口不能重合,应相互错开 20 mm 以上。

②转角拼接。同样把两块槽板的底板和盖板端头锯成 45°断口,并把转角处线槽之间的棱削成弧形,以免割伤导线绝缘层。

③T形拼接。在支路槽板的端头,两侧各锯掉腰长等于槽板宽度 1/2 的等腰直角三角形,留下夹角为 90°的接头。干线槽板则在宽度的 1/2 处,锯一个与支路槽板接头配合的 90°凹角,拼接时在拼接点上把干线底板正对支路线槽的棱锯掉、铲平,以便分支导线在槽内能够顺利通过。

④十字拼接。用于水平、竖直干线上有上下或左右分支线的情况,它相当于上下或左右两个 T 形拼接。工艺要求与 T 形拼接相同。

常见的剪直角的方法如下:

①转角直角。首先剪槽板,在需要转弯的位置剪出一个小缺口。再把线槽弯成 90°的直角,在线槽的内侧垂直剪开,然后把线槽的另一边内侧垂直剪开。最后分别把线槽两边的对角线剪开,如图 1-2-12 所示。

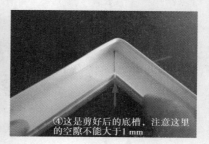

图 1-2-12　槽板剪转角直角

　　然后剪槽盖,剪出一小块线槽盖,把这一小块线槽盖垂直放在需要剪的槽盖口上,对齐槽盖口做个记号。再从记号点剪对角线,记得把线槽尖位置的小缺口剪去,同样的方法相反对角,剪出另一边的线槽盖,把两个线槽盖合在槽板上就完成了,如图1-2-13所示。

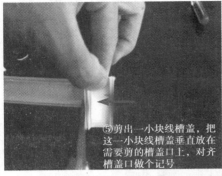

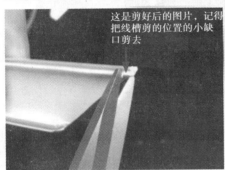

图1-2-13　槽盖剪转角直角

　　②内直角。首先剪槽板,在需要弯内角的位置垂直剪开两个小缺口,这两个小缺口必须在同一水平线上。再把线槽向内弯90°,之后分别剪它们的对角线,如图1-2-14所示。

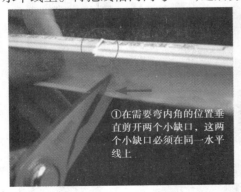
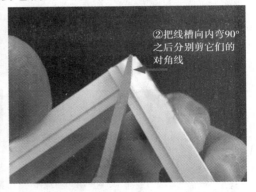

图1-2-14　槽板剪内直角

　　然后剪槽盖,量出和槽板弯内角位置的一样长度,在两边剪出两个小缺口,然后把槽盖向外弯成90°,最后把槽盖和槽板合在一起就完成了,如图1-2-15所示。

　　③外直角。先来剪槽板,剪出一小段槽板,在需要剪外角位置侧面垂直放上一小段槽板的侧面,平行于槽口做上记号,用同样的方法在另一侧面也做上记号。然后分别剪出做了记号两

17

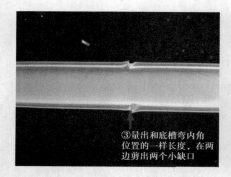
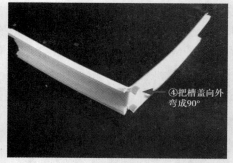

③量出和底槽弯内角
位置的一样长度，在两
边剪出两个小缺口

④把槽盖向外
弯成90°

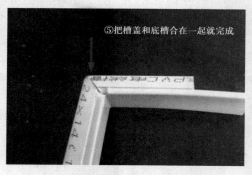

⑤把槽盖和底槽合在一起就完成

图 1-2-15　槽盖剪内直角

个侧面的对角线,之后把多余的部分剪开,用同样的方法剪出另一边的槽板,最后把两个槽板合在一起,如图 1-2-16 所示。

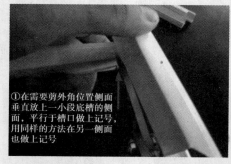
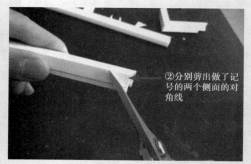

①在需要剪外角位置侧面
垂直放上一小段底槽的侧
面,平行于槽口做上记号,
用同样的方法在另一侧面
也做上记号

②分别剪出做了记
号的两个侧面的对
角线

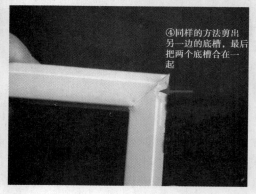

③把多余的部分剪开

④同样的方法剪出
另一边的底槽,最后
把两个底槽合在一
起

图 1-2-16　槽板剪外直角

　　然后剪槽盖,量出和槽板弯内角位置的一样长度,在两边剪出两个小缺口,然后把槽盖向外弯成90°,分别在两个小缺口上以45°角剪除多余的部分,最后把槽盖向内弯成90°和槽板合在一起就完成了,如图1-2-17所示。

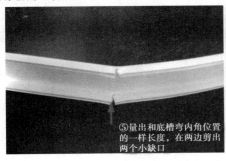

图1-2-17　槽盖剪外直角

（二）固定底盒

　　本工程采用明装底盒的安装方式,按照图1-1-1设计要求及现场画线定位结果,安装固定底盒。注意:底盒要高出地面300 mm以上,与强电插座间隔300 mm以上。若两个或两个以上的底座并排安装时,不宜太近或间隔太远,一般间隔两个面板距离为宜。

　　底盒的固定方法应以现场施工的具体条件来定,可用膨胀胶粒加螺钉或直接射钉等方法安装,如图1-2-18所示。本工程用膨胀胶粒加螺钉的固定方式。

（a）射钉固定　　　　　　　（b）螺钉固定

图1-2-18　固定底盒

（三）敷设网线

①检查线槽。线槽内配线前应消除线槽内的污物，可用抹布擦净线槽内残留的杂物，也可用空气压缩机将线槽内的杂物吹出，使线槽内保持清洁。同时检查线槽连接处是否平整，若接口处有毛边存在，则应剪掉，防止刮扯双绞线（网线）。

②截取双绞线。根据图1-1-1尺寸要求，分别截取9条长度不等的双绞线。截取时注意每条双绞线两端要分别多预留0.1~0.3 m。

③将9条双绞线的一端对齐，并捆扎在一起。每一条双绞线两端都要贴上标签，以便后期维护。标签采用信息点标记规则，即"房间号-信息点"。例如，302-D2表示302房间的第二个信息点（D表示工作区信息点），信息点顺序编号原则是进门顺时针，左手起为第一个。

④将双绞线捆扎的一端放于网络交换机旁，从网络交换机处开始，将双绞线拉直，平整放进线槽内（预留0.1~0.3 m）。

⑤用槽盖把导线盖上，边敷线边将槽盖扣压固定在槽板上，如图1-2-19所示。根据长度不同，分别将对应网线的一端插入到对应固定好的底盒中。

图1-2-19　敷设网线

槽盖做到了终端，若没有电器或墙壁，应先将槽板端头锯成一斜面，再将槽盖封端处锯成斜口，然后将槽盖按槽板斜面坡度折覆固定，此过程称为封端处理，如图1-2-20所示。

图1-2-20　线槽封端处理

（四）网线端接

此工程中，共用9条网线。每条网线一端制作RJ45接头（水晶头），与网络交换机相连；另一端制作信息网络模块，供每个办公工位使用。

1.制作RJ45接头

RJ45接头（水晶头）共有T568A和T568B两种标准。T568A标准排列顺序为：绿白、绿、橙白、蓝、蓝白、橙、棕白、棕；而T568B标准排列顺序为：橙白、橙、绿白、蓝、蓝白、绿、棕白、棕。两种做法的差别就是橙色和绿色两组对换而已。T568A和T568B标准排列顺如图1-2-21

所示。

RJ-45接头

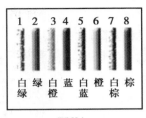
T568A

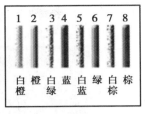
T568B

图 1-2-21　水晶头制作标准

本工程采用 T568B 标准制作水晶头,制作步骤如下:

第一步:剥线。利用剥线器裁 20～30 mm 双绞线的保护层,先把网线放到剥线器的剥线口中,剥线器顺时转两圈,把双绞线的灰色保护层剥掉,如图 1-2-22 所示。

剥掉灰色保护层的双绞线

图 1-2-22　剥线

第二步:理线。我们需要把双绞线的抗拉线剪去,然后把每对都是相互缠绕在一起的网线逐一解开。解开后则根据 T568B 的规则把几组网线依次排列好并理顺,排列的时候应该注意尽量避免线路的缠绕和重叠,如图 1-2-23 所示。

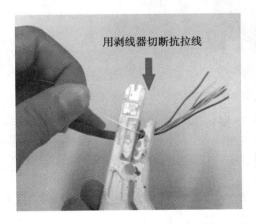
用剥线器切断抗拉线

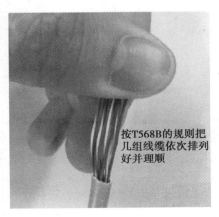
按T568B的规则把几组线缆依次排列好并理顺

图 1-2-23　理线

第三步:剪线。把网线依次排列好并理顺压直之后,应该细心检查一遍,之后利用压线钳的剪线刀口把网线顶部裁剪整齐,需要注意的是裁剪的时候应该是水平方向插入,否则网线长度不一会影响到网线与水晶头的正常接触。若之前把保护层剥下过多的话,可以在这里将过长的细线剪短,保留的去掉外层保护层的部分约为 10 mm,如图 1-2-24 所示。

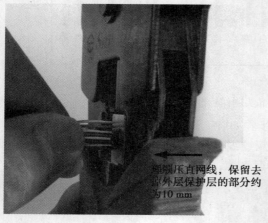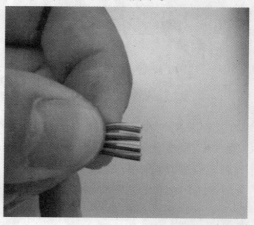

理顺压直网线,保留去掉外层保护层的部分约为10 mm

图 1-2-24　剪线

第四步:插线。把整理好的网线插入水晶头内。需要注意的是要将水晶头有塑造料弹簧片的一面向下,有针脚的一方向上,使有针脚的一端指向远离自己的方向,有方形孔的一端对着自己。此时,最左边的是第 1 脚,最右边的是第 8 脚,其余依次顺序排列。插入的时候需要注意缓缓地用力把 8 条网线同时沿 RJ-45 头内的 8 个线槽插入,一直插到线槽的顶端,如图 1-2-25 所示。

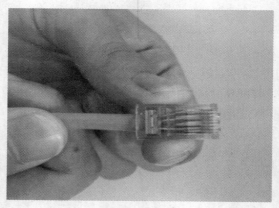

图 1-2-25　插线

第五步:压线。第四步做完,确认无误后就可以把水晶头插入压线钳的 8P 槽内压线了,把水晶头插入后,用力握紧线钳,若力气不够的话,可以使用双手一起压,这样一压的过程使得水晶头凸出在外面的针脚全部压入水晶头内,受力之后听到轻微的“啪”一声即可,如图 1-2-26 所示。

2. 制作 RJ45 网络模块

网络模块种类分为打线式网络模块和免打线式网络模块,如图 1-2-27 所示。打线式网络模块做工精细、安全性高和稳定性好,缺点是操作不方便,需要打线钳打线;免打线式网络模块

（a）压线

（b）制作好的接头

图 1-2-26　压线

品质可靠、做工扎实和方便易用。图 1-2-27 两种模块及面板的实物图。

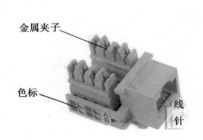

（a）打线式

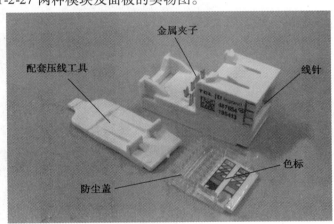

（b）免打式

图 1-2-27　网络模块

与水晶头制作标准对应，网络模块也有 T568A 和 T568B 两种不同的打线方式，本工程采用 T568B 标准制作，其制作步骤如下：

第一步：剥线器剥开网线 20~30 mm 保护层。

第二步：用剥线器把网线抗拉线切断。

若使用打线式网络模块，如图 1-2-28 所示，则按以下步骤制作：

第三步：按照网络模块 B 类的色标，把网线放在金属夹子一边上。

第四步：先把网络模块放在桌面上，把打线钳放在金属夹子上，用力向下压，如果一次网线没有切断，还要打多一次。

第五步：盖上防尘盖。

如果使用免打式网络模块，如图 1-2-29 所示，则按以下步骤制作：

前两步与制作打线式网络模块方法相同。

第三步：把网线分开理直，按防尘盖颜色标（B 类）排列线序，将最中间两根线压入，然后将其余的线依次压入。

第四步:用剪钳剪除网线线头。

第五步:把防尘盖放到模块上,对齐模块后卡扣,然后放上压线工具。

第六步:用压线工具将端接好的防尘盖压接到模块中。

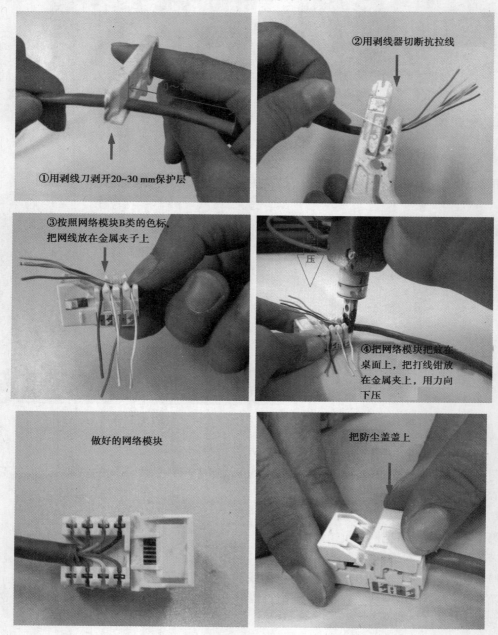

①用剥线刀剥开20~30 mm保护层

②用剥线器切断抗拉线

③按照网络模块B类的色标,把网线放在金属夹子上

④把网络模块把放在桌面上,把打线钳放在金属夹上,用力向下压

做好的网络模块

把防尘盖盖上

图 1-2-28　打线式网络模块制作过程

　　用网络测试仪测试。首先准备一条跳线和一台网络测试仪,如图 1-2-30 所示。将网线水晶头的一端插入网络测试仪的一个端口内。然后用跳线把网线网络模块一端和网络测试仪的另一个端口连接在一起,如图 1-2-31 所示。把网络测试仪开关打到"ON",主测试器显示:1-2-

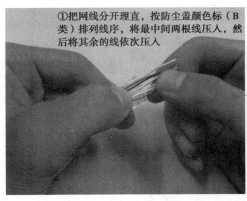

①把网线分开理直，按防尘盖颜色标（B类）排列线序，将最中间两根线压入，然后将其余的线依次压入

②用剪钳剪除网线线头

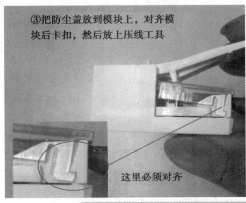

③把防尘盖放到模块上，对齐模块后卡扣，然后放上压线工具

这里必须对齐

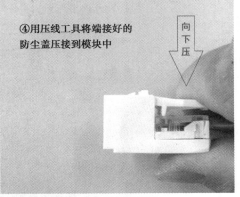

④用压线工具将端接好的防尘盖压接到模块中

向下压

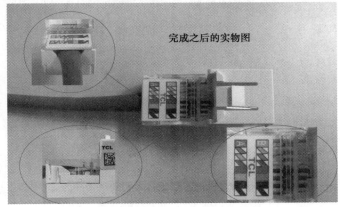

完成之后的实物图

图 1-2-29　免打式网络模块制作过程

3-4-5-6-7-8,远程测试器也显示:1-2-3-4-5-6-7-8,这样说明接线正常,否则接线不正常。

　　测试通过之后,将网络模块卡在面板上,如图 1-2-32、图 1-2-33 所示。并将面板固定在底盒上。底盒、网络模块与面板的安装牢固稳定,无松动现象。设备表面的面板应保持在一个水平面上,做到美观整齐,如图 1-2-34 所示。

　　最后,将网线水晶头的一端分别依次插进网络交换机端口上(1 口预留给外线),如图1-2-35所示。注意:一定要注意每根网线两端的标签是否掉落。如果掉落,需重新制作,以方便后期维护。

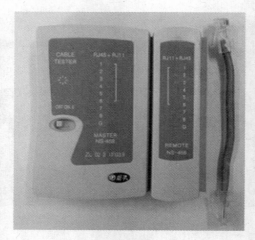

图 1-2-30　网络测试仪

网络模块一端

水晶头一端

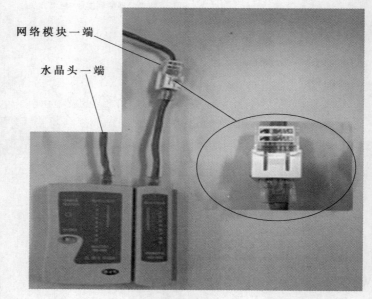

图 1-2-31　测试过程

双口面板正面

双口面板反面

图 1-2-32　面板

图 1-2-33　将网络模块卡到面板上

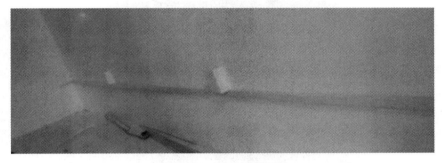

图 1-2-34　固定好的面板

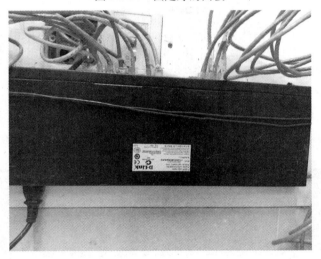

图 1-2-35　网线与交换机相连

（五）制作跳线

该办公室有 9 台计算机上网，还有一台无线路由器需连接，因此需做 10 条跳线供使用。跳线有两种做法：一种是交叉线；另一种是直通线。交叉线的做法是：一头采用 T568A 标准，一头采用 T568B 标准；直通线的做法是：两头同为 T568A 标准或 T568B 标准。如果连接的双方地位不对等的，则使用直通线。例如，计算机连接到路由器或交换机。如果连接的两台设备是对等的，则使用交叉线，例如计算机连接到计算机。

本工程使用跳线应该是 T568B 直通线，制作方法见"制作 RJ45 接头"所述。

两端水晶头制作完成以后，用网络测试仪进行测试，如图 1-2-36 所示。首先把测试仪电源开关打到"ON"，然后将跳线插头分别插入主测试器 8P 口和远程测试器 8P 口上，主测试器显示:1-2-3-4-5-6-7-8,远程测试器也对应显示:1-2-3-4-5-6-7-8。说明跳线正常,否则说明跳线不通,需重做。

用跳线将办公计算机连接到对应的信息插座上,确保网络联通。

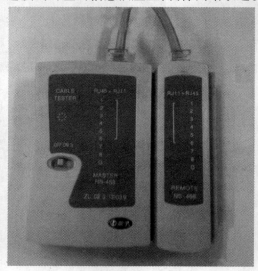

图 1-2-36　测试跳线

另外,还需要制作一条电话线。截取一条 3 m 长的四线电话线,取出两个 RJ11 水晶头,制作电话跳线。制作所用工具及制作方法同网络跳线一样,只是在使用压线钳压线及使用测试仪测试时,要用到对应的 RJ11 口。

(六)设置无线路由器

1.无线路由器接口

无线路由器的各个接口如图 1-2-37 所示,基本上无线路由器都大同小异,Reset 按钮的位置可能不一致。

图 1-2-37　无线路由器

WAN 端口:连接网络。

LAN 端口:连接办公室公用计算机(任选一个端口就行)。

Reset 按钮:将路由器恢复到出厂默认设置。

将无线路由器连接好,然后启动路由器。

2.无线路由器参数设置

①用跳线将无线路由器和计算机连接起来。连接好之后,打开浏览器,建议使用 IE。在地址栏中输入 192.168.1.1 进入无线路由器的设置界面,如图 1-2-38 所示。如果没反应,则输入 192.168.0.1 进入无线路由器的设置界面。

图 1-2-38　输入 IP 地址

②需要登录之后才能设置其他参数,默认的登录用户名和密码都是 admin,如图 1-2-39 所示。如果没反应,请恢复到出厂设置,或参考说明书。

图 1-2-39　输入用户名及密码

③登录成功之后选择设置向导的界面,默认情况下会自动弹出,如图 1-2-40 所示。

图 1-2-40　设置向导界面

④选择设置向导之后会弹出一个窗口说明,通过向导可以设置路由器的基本参数,直接单击下一步即可,如图 1-2-41 所示。

⑤根据设置向导一步一步设置,选择上网方式,通常 ADSL 用户则选择第一项 PPPoE,如

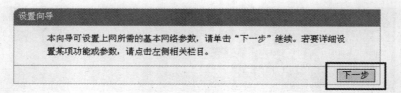

图 1-2-41　单击下一步

果用的是其他的网络服务商则根据实际情况选择下面两项,如果不知道该怎么选择的话,直接选择第一项自动选择即可,选完单击下一步,如图 1-2-42 所示。

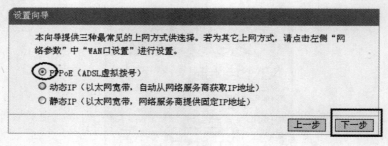

图 1-2-42　设置上网方式

⑥输入从网络服务商申请到的账号和密码,输入完成后直接单击下一步,如图 1-2-43所示。

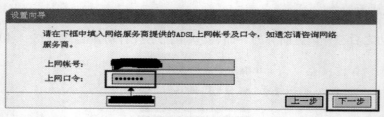

图 1-2-43　输入上网账号和密码

3. 重启无线路由器

重启后进入无线设置,设置 SSID 名称,这一项默认为路由器的型号,这只是在搜索的时候显示的设备名称,可以根据你自己的喜好更改,方便搜索使用,如图 1-2-44 所示。其余设置选项可以根据系统默认,无须更改,但是在网络安全设置项必须设置密码,可以设置为办公室电话号码等所有用户易记的密码(若是个人无线路由器,则密码越长越好,防止蹭网)。设置完成单击下一步。

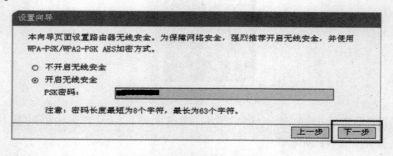

图 1-2-44　设置无线密码

至此,无线路由器的设置就已经完成,单击重启,如图 1-2-45 所示。重新启动路由器,然后开启办公室已有的无线设备(笔记本电脑、手机等),搜索 Wi-Fi 信号,直接连接就可以无线上网了。

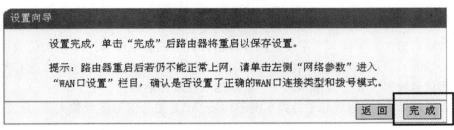

**设置向导**

设置完成,单击"完成"后路由器将重启以保存设置。

提示:路由器重启后若仍不能正常上网,请单击左侧"网络参数"进入
"WAN 口设置"栏目,确认是否设置了正确的WAN 口连接类型和拨号模式。

　　　　　　　　　　　　　　　　　　　返回　　完成

图 1-2-45　单击重启

**四、任务总结**

任务实施过程中,要时刻注意安全。采用分组教学形式,安排每个组员充当不同的角色。由组长进行任务分工,组员合作共同完成任务。教师要随时与学生在一起,及时进行指导,不能让学生单独进行操作。

任务结束后,学生要完成相应的实训报告书。

**思考与练习**

1. 分析打线式和免打式信息模块的优缺点。

2. 开展跳线制作速度竞赛,2 min 内需完成一条跳线制作。

3. 思考:如果跳线两端不按 T568A 或 T568B 标准排序,但两端的颜色又保持一致。那么,这条跳线是否能够正常使用?

# 任务三　理论探索:为什么网线要用双绞线的形式

**任务目标**

终极目标:能熟练讲解双绞线的抗干扰原理。

促成目标:1. 了解双绞线的组成结构。

　　　　　 2. 掌握双绞线干扰信号形成的原因。

**工作任务**

1. 分别测量超五类双绞线和六类双绞线的电缆直径、裸铜线的直径、各对双绞线的螺距等参数。

2. 各截取 1m 长的超五类双绞线和六类双绞线,分别测量铜线的电阻。

31

相关知识

## 一、双绞线传输原理

信号传输可分为非平衡式和平衡式两种传输方式。同轴电缆属于非平衡传输线，双绞线属于平衡传输线。要用双绞线传输信号，必须在发送端将非平衡信号转换为平衡信号，在接收端再将平衡信号转换为非平衡信号。一个基本的双绞线传输系统如图1-3-1所示。图中的 $A_1$ 是差分信号发送放大器，完成非平衡到平衡的转换，$A_2$ 是差分信号接收放大器，完成平衡到非平衡的转换。

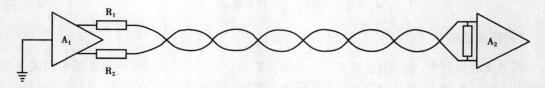

图1-3-1　双绞线传输系统

## 二、双绞线(超五类双绞线)消除干扰的原理

在双绞线中，干扰主要来自以下两方面：第一，外部干扰；第二，同一电缆内部对线之间的相互串扰。下面，我们对双绞线消除干扰的原理进行分析。

1. 双绞线对外部干扰的抑制

①干扰信号对平行线的干扰，如图1-3-2所示。$U_s$ 为干扰信号源，干扰电流 $I_s$ 在双线的两条导线 $L_1$，$L_2$ 上产生的干扰电流分别是 $I_1$ 和 $I_2$。由于 $L_1$ 距离干扰源较近，因此，$I_1 > I_2$，$I = I_1 - I_2 \neq 0$，有干扰电流存在。

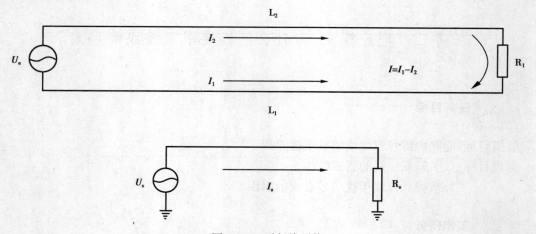

图1-3-2　平行线干扰

②干扰信号对扭绞双线回路的干扰，如图1-3-3所示。与图1-3-2不同的是，双线回路在中点位置进行了一次扭绞。在 $L_1$ 上存在干扰电流 $I_{11}$ 和 $I_{12}$，在 $L_2$ 上存在干扰电流 $I_{21}$ 和 $I_{22}$，干扰电流 $I = I_{21} + I_{22} - I_{11} - I_{12}$，由于两段线路的条件相同，总干扰电流 $I = 0$，因此只要设置合理的绞

距,就能达到消除干扰的目的。

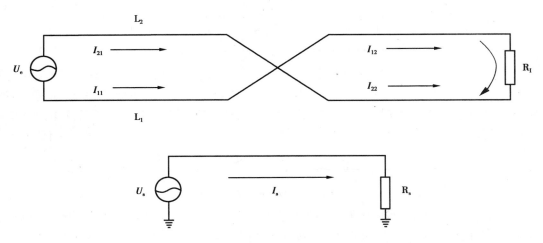

图 1-3-3 扭绞线干扰

**2. 同一电缆内部各线对之间的串扰**

①两个未绞双线回路间的串扰,如图 1-3-4 所示。其中 $U_e$ 为主串回路,$U_s$ 为被串回路。导线 $L_1$ 上的电流 $I_1$ 在被串回路 $L_3$ 和 $L_4$ 中产生感应电流 $I_{31}$ 和 $I_{41}$,$I_{41} > I_{31}$,在被串回路中形成串扰电流 $I_{11} = I_{41} - I_{31}$,同样,导线 $L_2$ 上的电流 $I_2$ 在被串回路 $L_3$ 和 $L_4$ 中产生感应电流 $I_{32}$ 和 $I_{42}$,$I_{42} > I_{32}$,在被串回路中形成串扰电流 $I_{12} = I_{32} - I_{42}$,总干扰电流 $I = I_{11} + I_{12}$,由于 $L_1$ 与 $L_3$,$L_4$ 的距离比 $L_2$ 较近,$I = I_{11} + I_{12} > 0$,在回路 $U_s$ 中形成干扰。

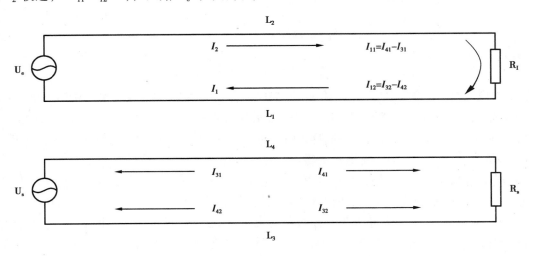

图 1-3-4 未绞双线回路间的串扰

②两个绞距相同的回路间的串扰,如图 1-3-5 所示。回路 $U_e$ 和回路 $U_s$ 同时在中点位置作扭绞,因此,两个回路的 4 根导线之间的相对关系与未绞是完全相同的,根据以上分析可知,是不能起到消除串扰的作用。$U_e$ 和 $U_s$ 分别在对方回路中产生干扰电流 $I_s$ 和 $I_e$,因此当两个绞合的双线回路绞距相同时,不能消除串扰。

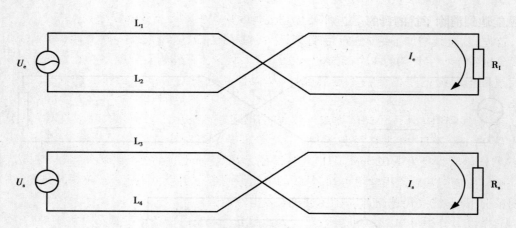

图 1-3-5　绞距相同回路间的串扰

③两个绞距不同的双线回路间的串扰如图 1-3-6 所示。回路 $U_e$ 在中点作扭绞。回路 $U_s$ 除在中点作扭绞外,还在 A 段和 B 段的 1/2 处分别作扭绞。

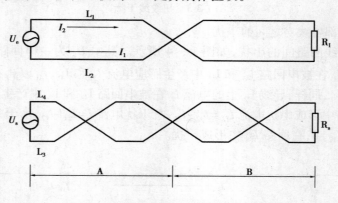

图 1-3-6　两个绞距不同的双线回路间的串扰

下面以回路 $U_e$ 为主串回路,回路 $U_s$ 为被串回路。分为 A,B 两段,先分析 A 段的串扰。在 A 段内,回路 $U_e$ 未作扭绞,而回路 $U_s$ 在 1/2 处作扭绞;由于回路 $U_s$ 在 A 段的中点扭绞,导线 $L_1$ 对回路 $U_s$ 的干扰电流为零。同样道理,导线 $L_2$ 对回路 $U_s$ 的干扰电流也为零。因此,在 A 段,回路 $U_e$ 对回路 $U_s$ 的串扰电流为零。

B 段的情况与 A 段完全相同,在 B 段串扰电流也为零。回路 $U_e$ 对回路 $U_s$ 的总串扰为零。因此,两个独立的双绞线回路,只要设计合理的绞距,就可以消除相互串扰。

因此,为减除干扰,一条超五类双绞线电缆由 4 对线组成,每对线各自按逆时针方向扭绞。4 对线的绞距是各不相同的(对于绞距,没有量化标准,各个厂家的绞距有差别,从 1.1 ~ 2.2 cm 不等,正规厂家的产品都能满足电气要求)。采取这些措施,不仅可消除外部干扰,同时可消除线对间的串扰。

3. 六类线比五类线传输快

按照电气性能的不同,双绞线可分为三类、五类、超五类、六类和七类双绞线。网络布线目前基本上都在采用超五类或六类非屏蔽双绞线。超五类线主要用于千兆位以太网(1 000 Mb/s)。而六类线的传输性能远远高于超五类标准,适用于传输速率高于 1 Gb/s 的以太网。那么,为什么六类线传输速率要比超五类线快呢? 两者有什么不同呢?

　　首先,六类线增加了绝缘的十字骨架,十字骨架随长度的变化而旋转角度,将双绞线的4对线分别置于十字骨架的4个凹槽内,如图1-3-7所示。保持4对双绞线的相对位置,保证在安装过程中电缆的平衡结构不遭到破坏,从而提高电缆的平衡特性和串扰衰减,减少回波损耗。

　　其次,线径粗细不同。超五类双绞线线芯裸铜线径为0.51 mm(线规为24AWG),绝缘线径为0.92 mm,UTP电缆直径为5 mm。六类非屏蔽双绞线裸铜线径为0.57 mm(线规为23AWG),绝缘线径为1.02 mm,UTP电缆直径为6.53 mm。从数据可以看出,六类线线径要粗一些。由电工基础课程学习可知,导线的电阻跟材料、长度、线径有关,在相同材料、相同长度的情况下,导线线径越粗,其电阻就越小,导电性越强。

　　通过以上分析可知,六类非屏蔽双绞线比超五类双绞线的各项参数都有大幅提高,带宽也可扩展至250 MHz或更高。

图1-3-7　六类双绞线

**任务实施**

### 一、任务提出

　　各截取1 m长的超五类双绞线和六类双绞线,分别测量电缆直径、裸铜线的直径、各对双绞线的螺距等参数。选取同一种颜色的铜线,测量其电阻。

### 二、任务目标

①了解双绞线的组成结构。
②能讲解六类双绞线比超五类线传输快的原因。

### 三、实施步骤

①每位学生分别下发一条1 m长的超五类双绞线和六类双绞线。
②用游标卡尺测量电缆直径、裸铜线的直径,并做好记录。
③用直尺测量各对双绞线的螺距,并做好记录。

④用万用表电阻挡,分别测量 1 m 长的超五类双绞线和六类双绞线中同一种颜色的铜线的电阻,并做好记录。

⑤比较各数据,分析六类双绞线传输快、带宽高的原因,撰写参观实训报告。

### 四、任务总结

任务实施过程中,要时刻注意安全。每个学生都要进行测量,由学生讲解自己测量的结果,并进行分析。老师集中所有学生的数据,算出各参数的平均值。

任务结束后,学生要完成相应的实训报告书。

 **思考与练习**

1. 简述网线采用双绞线形式的原因。

2. 五类双绞线、超五类双绞线、六类双绞线在通信时,是否 8 根铜线全部参与传输数据? 简述每对双绞线的作用。

3. 作水晶头时,如果不按 T568A 或 T568B 标准排序,但两端的颜色又保持一致。那么,这条网线在通信时,会时断时续,信号很差,简述原因。

# 项目二
# 楼层弱电间通信设备的安装与维护

楼层弱电间属于管理间子系统,也称为电信间或者配线间,是专门安装楼层机柜、配线架、交换机和配线设备的房间。

弱电间一般设置在每个楼层的中间位置,主要安装建筑物楼层配线设备。管理间子系统是水平布线电缆的端接场所,也是垂直干线子系统端接的场所。弱电间内的设备是用来连接水平布线子系统和垂直干线子系统的。当楼层信息点很多时,可以设置多个弱电间。在综合布线系统中,管理间子系统包括了楼层配线间、二级交接间的缆线、配线架及相关接插跳线等。通过综合布线系统的管理间子系统,可以直接管理整个应用系统终端设备,从而实现综合布线的灵活性、开放性和扩展性。

## 任务一　楼层弱电间(管理间子系统)通信设备的认识

 **任务目标**

终极目标:熟练讲解管理间子系统通信设备的工作原理及用途。
促成目标:1.了解管理间子系统通信设备的类型及适用场合。
　　　　　2.掌握管理间子系统通信设备的使用方法。

 **工作任务**

1.参观一间楼层网络设备弱电间。
2.列出该弱电间所有的通信设备。

 **相关知识**

**一、楼层弱电间设置要求认知**

**1. 弱电间数量的确定**

每个楼层一般宜至少设置一个弱电间(电信间)。如果特殊情况下,每层信息点数量较少,且水平缆线长度不大于 90 m 的情况下,宜几个楼层合设一个弱电间。弱电间数量的设置宜按照以下原则:

如果该层信息点数量不大于 400 个,水平缆线长度在 90 m 范围以内,宜设置一个弱电间,当超出这个范围时宜设两个或多个弱电间。

在实际工程应用中,为了方便管理和保证网络传输速度或者节约布线成本,例如,学生公寓,信息点密集,使用时间集中,楼道很长,也可以按照 100 ~ 200 个信息点设置一个弱电间,将弱电间机柜明装在楼道。

**2. 弱电间的面积**

GB 50311—2007《综合布线工程设计规范》中规定弱电间的使用面积不应小于 5 m²,也可根据工程中配线管理和网络管理的容量进行调整。一般新建楼房都有专门的垂直竖井,楼层的弱电间基本都设计在建筑物竖井内,面积在 3 m² 左右。在一般小型网络工程中弱电间也可能只是一个网络机柜。

一般旧楼增加网络综合布线系统时,可以将弱电间选择在楼道中间位置的办公室,也可以采取壁挂式机柜直接明装在楼道,作为楼层弱电间。

弱电间安装落地式机柜时,机柜前面的净空不应小于 800 mm,后面的净空不应小于 600 mm,方便施工和维修。安装壁挂式机柜时,一般在楼道安装高度不小于 1.8 m。

**3. 弱电间的电源要求**

弱电间应提供不少于两个 220 V 带保护接地的单相电源插座。弱电间如果安装电信管理或其他信息网络管理时,管理供电应符合相应的设计要求。

**4. 弱电间门要求**

弱电间应采用外开丙级防火门,门宽大于 0.7 m。

**5. 弱电间环境要求**

弱电间内温度应为 10 ~ 35 ℃,相对湿度宜为 20% ~ 80%。一般应该考虑网络交换机等设备发热对弱电间温度的影响,在夏季必须保持弱电间温度不超过 35 ℃。

**二、楼层弱电间主要通信设备的认识**

**1. 网络机柜**

机柜里面一般放的有交换机(与交换机相关的配件有配线架、排线架)、服务器(塔式、机架式),还有的需要放置 UPS(也分普通立式和机架式)。在购买机架前要规划好你的机架用来装哪些设备,设备数量有多少,然后再选择机柜。

机柜的宽都是标准的,深有普通和加深两种,如果要放机架式服务器最好选择加深机柜,高度就根据放多少来决定,机柜一般讲多少 U,1 U=44.45 mm,相当于一个交换机的高度。从

6 U 到 42 U 的机柜都有,如图 2-1-1 所示,按需求购买,本工程使用 24 U 即可。机柜的品牌也很重要,不同品牌用料和做工都有差别。

标准机柜广泛应用于计算机网络设备、有/无线通信器材、电子等设备的叠放。机柜具有增强电磁屏蔽、削弱设备工作噪声、减少设备地面面积占用的优点。对于一些高档机柜,还具备空气过滤功能,提高精密设备工作环境质量。很多工程级的设备的面板宽度都采用 19 寸,因此 19 寸的机柜是最常见的一种标准机柜。

19 寸标准机柜的种类和样式非常多,也有进口和国产之分,价格和性能差距也非常明显。同样尺寸不同档次的机柜价格可能相差数倍之多。用户选购标准机柜要根据安装堆放器材的具体情况和预算综合选择合适的产品。

标准机柜的结构比较简单,主要包括基本框架、内部支撑系统、布线系统、通风系统等,如图 2-1-2 所示。标准机柜根据组装形式和材料选用的不同,可以分成很多性能和价格档次。19 寸标准机柜外形有高度、宽度、深度 3 个常规指标,见表 2-1-1。虽然对于 19 寸面板设备安装宽度为 465.1 mm,但机柜的物理宽度常见的产品为 600 mm 和 800 mm 两种。高度一般从 0.7 ~ 2.4 m,根据柜内设备的多少而定,通常厂商可以定制特殊的高度,常见的成品 19 寸机柜高度为 1.6 m 和 2 m。机柜的深度一般为 400 ~ 800 mm,根据柜内设备的尺寸而定,通常厂商也可以定制特殊深度的产品,常见的成品 19 寸机柜深度为 450 mm,600 mm,800 mm。

图 2-1-1 网络机柜

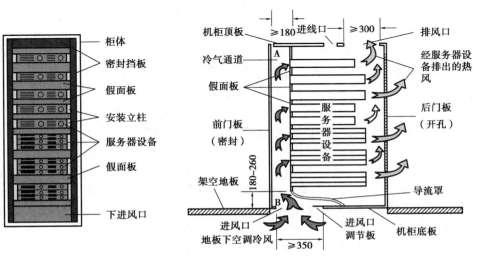

图 2-1-2 网络机柜的结构

表 2-1-1　网络机柜的尺寸

| 19 英寸机框架尺寸表 | | | |
| --- | --- | --- | --- |
| 名称 | 类型 | 规格尺寸/mm | 备注 |
| 标准机柜 | 18U | 1 000×600×600 | |
| | 24U | 1 200×600×600 | |
| | 27U | 1 400×600×600 | |
| | 32U | 1 600×600×600 | |
| | 37U | 1 800×600×600 | |
| | 42U | 2 000×600×600 | |
| 服输器机柜 | 42U | 2 000×800×800 | |
| | 37U | 1 800×800×800 | |
| | 24U | 1 200×600×600 | |
| | 27U | 1 400×600×800 | |
| | 32U | 1 600×600×800 | |
| | 37U | 1 800×600×800 | |
| | 42U | 2 000×600×800 | |
| 壁挂机柜 | 6U | 350×600×450 | |
| | 9U | 500×600×450 | |
| | 12U | 650×600×450 | |
| | 15U | 800×600×450 | |
| | 18U | 1 000×600×450 | |

2. 网络配线架

配线架一般安装在机柜内。配线架一端由网络跳线连接机柜内的交换机,另一端由 UTP 线缆连接信息模块,用来完成工作区子系统的布线。配线架正面是 RJ45 连接端口(一般是 24 个端口),使用跳线连接到网络设备上,起到保护网络设备的端口作用,背面是与端口一一对应的端接模块,如图 2-1-3 所示。

配线架的定位是在局端对前端信息点进行管理的模块化的设备。前端的信息点线缆(超五类或者六类线)进入设备弱电间后首先进入配线架,将线打在配线架的模块上,然后用跳线(RJ45 接口)连接配线架与各工作区内的交换机。总体来说,配线架是用来管理的设备,如果没有配线架,前端的信息点直接接入交换机,那么如果线缆一旦出现问题,就面临要重新布线的问题。此外,管理上也比较混乱,多次插拔可能引起交换机端口的损坏。配线架的存在就解决了这个问题,可以通过更换跳线来实现较好的管理。

3. 110 配线架

110 配线架主要用于配线间和设备间的语音线缆的端接、安装和管理,由 AT&T 公司于 1988 年首先推出,该系统后来成为工业标准的蓝本。110 型连接管理系统基本部件是配线架、

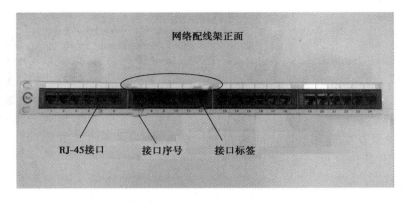

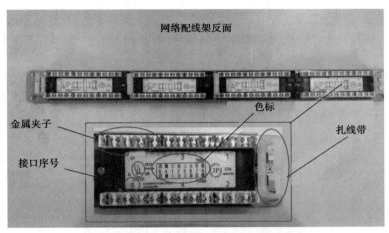

图 2-1-3 网络配线架

连接块、跳线和标签。110 型配线架是 110 型连接管理系统核心部分,110 配线架是阻燃、注模塑料做的基本器件,布线系统中的电缆线对就端接在其上。

110 配线架有 25 对 110 配线架、50 对 110 配线架、100 对 110 配线架、300 对 110 配线架多种规格,它的套件还应包括 4 对连接块或 5 对连接块、空白标签和标签夹、基座等,如图 2-1-4 所示。110 型配线系统使用方便的插拔式快接式跳接,可以简单地进行回路的重新排列,这样就为非专业技术人员管理交叉连接系统提供了方便。110 配线架的缺点是不能进行二次保护,因此在入楼的地方需要考虑安装具有过流、过压保护装置的配线架。

本工程采用 25 对 110 配线架。

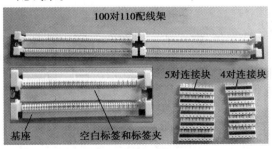

图 2-1-4 110 配线架

### 4. 网络交换机

一栋大楼要进行综合布线,有两种布线方式:①所有房间的信息点都进入主机房,不设楼层交换机,全部接在主机房的交换机上;②每个楼层设楼层交换机,这个楼层所有信息点接入该楼层的交换机,然后各个楼层的交换机汇集后进入主机房。第一种方式的优点是只要网络管理人员在主机房就可以管理整个大楼的网络,比较方便。但是信息点不能太多,如果几千个信息点进机房,显然不太现实。第二种方式比较适合房间较多的大楼,整栋楼网络信息点复杂而且特别多,每个楼层需设一个弱电间,安装楼层交换机。

交换机的工作原理详见项目一中的任务一。

### 5. UPS 电源

UPS(Uninterruptible Power System/Uninterruptible Power Supply),即不间断电源,是将蓄电池(多为铅酸免维护蓄电池)与主机相连接,通过主机逆变器等模块电路将直流电转换成市电的系统设备。主要用于给计算机网络系统或其他电力电子设备提供稳定、不间断的电力供应,如图 2-1-5 所示。

当市电输入正常时,UPS 将市电稳压后供应给负载使用,此时的 UPS 就是一台交流市电稳压器,同时它还向机内电池充电;当市电中断(事故停电)时,UPS 立即将电池的直流电能,通过逆变零切换转换的方法向负载继续供应 220 V 交流电,使负载维持正常工作并保护负载软、硬件不受损坏。UPS 设备通常对电压过高或电压过低都能提供保护。

图 2-1-5　UPS 电源

**任务实施**

### 一、任务提出

①参观学校一栋教学楼一间楼层网络通信设备弱电间。
②认真了解弱电间中的每一个通信设备,并作记录。

### 二、任务目标

①能够独自讲解管理间子系统通信设备的工作原理。
②掌握管理间子系统通信设备的使用方法。

### 三、实施步骤

①由任课教师与学校后勤或 IT 部门进行沟通,选择合适的楼层弱电间进行参观,并确定参观时间。

②教师要提前对参观对象进行深入了解,提前给学生进行讲解,使学生对参观对象有初步了解。

③学生参观时,要遵守各项规章制度,认真听取 IT 专业技术人员的讲解。

④学生要做好记录,重点了解该弱电间通信设备的工作原理。

⑤撰写参观实训报告。

**四、任务总结**

任务实施过程中,要时刻注意安全。采用分组形式,以便每位学生都能听到技术人员讲解,每位学生都能看到各通信设备。教师要随时与学生在一起,不能让学生单独进行操作。

任务结束后,学生要完成相应的实训报告书。

**思考与练习**

1. 简述管理间子系统所用的通信设备。

2. 简述网络配线架与 110 配线架的区别。

3. 计算 24 U 网络机柜可用于最多多少个网络信息点的连接。

## 任务二 楼层弱电间(管理间子系统)通信设备的安装与维护

**任务目标**

终极目标:会按国家标准正确安装弱电间通信网络设备。

促成目标:1. 会正确使用通信网络设备的安装工具。

2. 掌握弱电间通信网络设备的安装方法。

3. 掌握网络机柜水平度调整的方法。

**工作任务**

1. 按图纸及国家标准安装弱电间通信网络设备。

2. 正确安装接地线,确保机柜可靠接地。

**相关知识**

**一、主要安装工具的认识**

1. 电动螺丝刀

电动螺丝刀又称为电批、电动起子,装有调节和限制扭矩的机构,用于拧紧和旋松螺钉用的电动工具,如图 2-2-1 所示。

图 2-2-1　手枪式电动螺丝刀

2. 扳手

扳手如图 2-2-2 所示。

图 2-2-2　扳手

## 二、楼层弱电间设备安装原则认知

1. 配线架数量确定原则

配线架端口数量应大于信息点数量,保证全部信息点过来的缆线全部端接在配线架中。在工程中,一般使用 24 口或者 48 口配线架。例如某楼层共有 64 个信息点,至少应该选配 3 个 24 口配线架,配线架端口的总数量为 72 口,就能满足 64 个信息点缆线的端接需要,这样做比较经济。

有时为了在楼层进行分区管理,也可以选配较多的配线架。例如上述的 64 个信息点如果分为 4 个区域时,平均每个区域有 16 个信息点时,也需要选配 4 个 24 口配线架,这样每个配线架端接 16 口,预留 8 口,能够进行分区管理且维护方便。

2. 标记管理原则

由于弱电间缆线和跳线很多,必须对每根缆线进行编号和标记,在工程项目实施中还需要将编号和标记规定张贴在该弱电间内,方便施工和维护。

3. 理线原则

楼层弱电间缆线必须全部端接在配线架中,完成永久链路安装。在端接前必须先整理全部缆线,预留合适长度,重新作好标记,剪掉多余的缆线,按照区域或者编号顺序绑扎和整理好,通过理线环,然后端接到配线架。不允许出现大量多余缆线缠绕和绞接在一起。

4. 配置不间断电源原则

弱电间安装有交换机等有源设备,因此应该设计有不间断电源,或者稳压电源。

5. 防雷电措施

弱电间的机柜应该可靠接地,防止雷电以及静电损坏。

**任务实施**

## 一、任务提出

根据要求,本工程需要在项目一中的办公室的同一层设置一间网络设备弱电间,以安装机柜、配线架、交换机等通信网络设备,施工设计图纸已经制作完成,设备已经购买,请按图纸正确安装弱电间通信设备。

## 二、任务目标

①会正确使用弱电间通信网络设备安装工具。
②掌握弱电间通信网络设备的安装方法。
③掌握机柜的接地方法。

## 三、实施步骤

(一)网络机柜的固定

在安装机柜之前首先对可用空间进行规划,为了便于散热和设备维护,建议机柜前后与墙面或其他设备的距离不应小于0.8 m,如图2-2-3所示,机房的净高不能小于2.5 m。安装壁挂式机柜时,一般在安装高度不小于1.8 m。

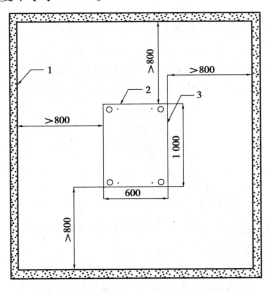

图 2-2-3　单柜空间规划图(图中单位为 mm)
1—内墙或参考体;2—机柜背面;3—机柜轮廓

1.机柜安装准备

安装前,场地画线要准确无误,否则会导致返工。按照拆箱指导拆开机柜及机柜附件包装木箱。

如果机柜安装在水泥地面上,机柜固定后,则可以直接进行机柜配件的安装。安装机柜的流程如图 2-2-4 所示。

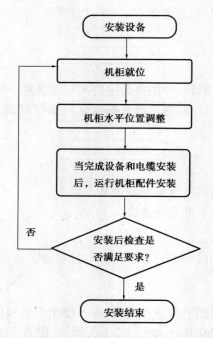

图 2-2-4　在水泥地面上安装机柜的流程

**2. 机柜水平调整**

将机柜安放到规划好的位置,确定机柜的前后面,并使机柜的地脚对准相应的地脚定位标记。在机柜顶部平面两个相互垂直的方向放置水平尺,检查机柜的水平度。用扳手旋动地脚上的螺杆调整机柜的高度,使机柜达到水平状态,然后锁紧机柜地脚上的锁紧螺母,使锁紧螺母紧贴在机柜的底平面。如图 2-2-5 所示为机柜地脚锁紧示意图。

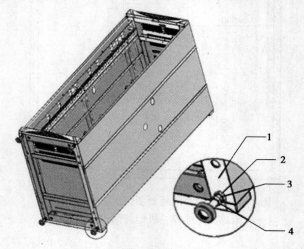

图 2-2-5　机柜地脚锁紧示意图
1—机柜下围框;2—机柜锁紧螺母;3—机柜地脚;4—压板锁紧螺母

## 3.安装机柜配件

机柜配件安装包括机柜门、机柜铭牌和机柜门接地线的安装,安装流程如图 2-2-6 所示。

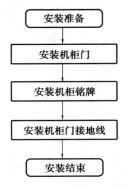

图 2-2-6　机柜配件安装流程

（1）安装机柜门

机柜前后门相同,都是由左门和右门组成的双开门结构,如图 2-2-7 所示。

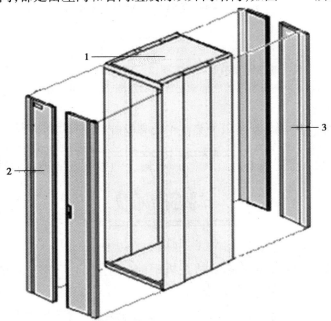

图 2-2-7　机柜前后门示意图

1—机柜;2—机柜前门;3—机柜后门

机柜门可以作为机柜内设备的电磁屏蔽层,保护设备免受电磁干扰。另外,机柜门可以避免设备暴露外界,防止设备受到破坏。

机柜前后门的安装示意图如图 2-2-8 所示,安装步骤如下:

①将门的底部轴销与机柜下围框的轴销孔对准,将门的底部装上。

②用手拉下门的顶部轴销,将轴销的通孔与机柜上门楣的轴销孔对齐。

③松开手,在弹簧作用下轴销往上复位,使门的上部轴销插入机柜上门楣的对应孔位,从而将门安装在机柜上。

④按照上面步骤,完成其他机柜门的安装。

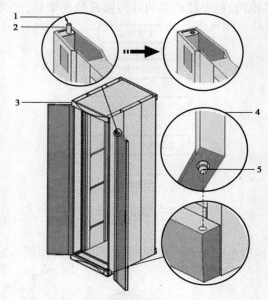

图 2-2-8　前后门安装示意图

1—安装门的顶部轴销放大示意图;2—顶部轴销;3—机柜上门楣;

4—安装门的底部轴销放大示意图;5—底部轴销

(2)安装机柜铭牌

①取出机柜铭牌,如图 2-2-9 所示为某机柜编号铭牌。

图 2-2-9　机柜铭牌示意图

②撕去铭牌背面的贴纸,将铭牌粘贴在机柜前门左侧门上部的长方形凹块位置,如图 2-2-10所示。

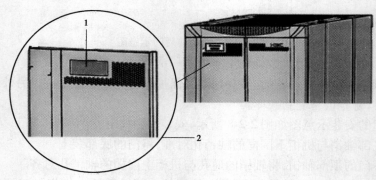

图 2-2-10　铭牌粘贴位置示意图

1—铭牌粘贴位置;2—前门左侧门放大示意图

（3）安装机柜门接地线

机柜前后门安装完成后，需要在其下端轴销的位置附近安装门接地线，使机柜前后门可靠接地。门接地线连接门接地点和机柜下围框上的接地螺钉，如图2-2-11所示。

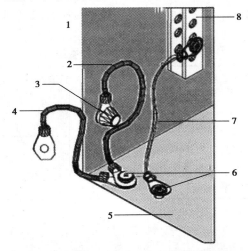

图 2-2-11　机柜门接地线安装前示意图

1—机柜侧门；2—机柜侧门接地线；3—侧门接地点；4—门接地线；
5—机柜下围框；6—机柜下围框接地点；7—下围框接地线；8—机柜接地条

①安装门接地线前，先确认机柜前后门已经完成安装。

②旋开机柜某一扇门下部接地螺柱上的螺母。

③将相邻的门接地线（一端与机柜下围框连接，一端悬空）的自由端套在该门的接地螺柱上。

④装上螺母，然后拧紧，如图2-2-12所示，完成一条门接地线的安装。

⑤按照上面步骤的顺序，完成另外3扇门接地线的安装。

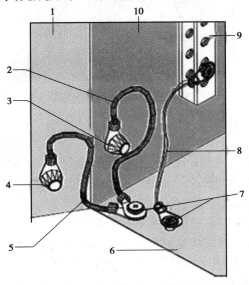

图 2-2-12　机柜门接地线安装后示意图

1—机柜前/后门；2—侧门接地线；3—侧门接地点；4—前/后门接地点；5—门接地线；
6—机柜下围框；7—下围框接地点；8—下围框接地线；9—机柜接地条；10—机柜侧门

注意:对于自购机柜,机柜到机房接地的接地线要求采用标称截面积不小于 6 mm² 的黄绿双色多股软线,长度不能超过 30 m。

4. 机柜安装检查

机柜安装完成后,请按照表 2-2-1 中的项目进行检查,要求所列项目状况正常。安装好的机柜如图 2-2-13 所示。

表 2-2-1　机柜安装检查表

| 检查要素 | | 检查结果 | | | 备注 |
|---|---|---|---|---|---|
| 编号 | 项目 | 是 | 否 | 免 | |
| 1 | 正确确认机柜的前后方向 | | | | |
| 2 | 机柜前方留 0.8 m 的开阔空间,机柜后方留 0.8 m 的开阔空间 | | | | |
| 3 | 机柜调整水平 | | | | |

图 2-2-13　安装好的机柜

(二)配线架的安装

1. 安装要求

①在机柜内部安装配线架前,首先要进行设备位置规划或按照图纸规定确定位置,统一考虑机柜内部的跳线架、配线架、理线环、交换机等设备。其次要考虑配线架与交换机之间跳线方便。

②缆线采用地面出线方式时,一般缆线从机柜底部穿入机柜内部,配线架宜安装在机柜下部。采取桥架出线方式时,一般缆线从机柜顶部穿入机柜内部,配线架宜安装在机柜上部。缆线采取从机柜侧面穿入机柜内部时,配线架宜安装在机柜中部。

③配线架应该安装在左右对应的孔中,水平误差不大于 2 mm,更不允许左右孔错位安装。

2. 网络配线架的安装

①检查配线架和配件完整。

②将配线架安装在机柜设计位置的立柱上。

③理线。

④端接打线。

⑤作好标记,安装标签条。

3.110 配线架的安装

110 配线架主要是用于语音配线系统,是上级程控交换机过来的接线与到桌面终端的语音信息点连接线之间的连接和跳接部分,便于管理、维护、测试。其安装步骤如下:

①取出 110 跳线架和附带的螺丝。

②利用十字螺丝刀把 110 跳线架用螺丝直接固定在网络机柜的立柱上。

③理线。

④按打线标准把每个线芯按照顺序压在跳线架下层模块端接口中。

⑤把 5 对连接模块用力垂直压接在 110 跳线架上,完成下层端接。

(三)网络交换机的安装

交换机安装前首先检查产品外包装是否完整,并开箱检查产品,收集和保存好配件。包装箱中一般包括交换机、两个支架、4 个橡皮脚垫、4 个螺钉、1 根电源线、1 根管理电缆。交换机安装步骤如下:

①从包装箱内取出交换机设备。

②给交换机安装两个支架,安装时要注意支架方向。

③将交换机放到机柜中提前设计好的位置,用螺钉固定到机柜立柱上,一般交换机上下要留一些空间用于空气流通和设备散热。

④将交换机外壳接地,将电源线拿出来插在交换机后面的电源接口。

⑤完成上面几步操作后就可以打开交换机电源了,开启状态下查看交换机是否出现抖动现象,如果出现请检查脚垫高低或机柜上的固定螺丝松紧情况。

注意:拧取这些螺钉的时候不要过紧,否则会让交换机倾斜,也不能过松,这样交换机在运行时不会稳定,工作状态下设备会抖动。

(四)理线环的安装

为了布线的美观,机柜上需安装理线环。安装步骤如下:

①取出理线环和所带的配件——螺丝包。

②将理线环安装在网络机柜的立柱上。

如图 2-2-14 所示为安装好配线架、交换机及理线环的机柜。

**四、任务总结**

任务实施过程中,要时刻注意安全。采用分组教学形式,安排每个组员充当不同的角色。由组长进行任务分工,组员合作共同完成任务。教师要随时与学生在一起,及时进行指导,不能让学生单独进行操作。

任务结束后,学生要完成相应的实训报告书。

图 2-2-14　安装好设备的机柜

 **思考与练习**

1. 简述设备弱电间对温度的要求。
2. 简述网络机柜上各设备的安装原则。
3. 简述网络机柜安装水平度的调整方法。

## 任务三　理论探索：电话、手机、计算机、电视等通信方式有何共同点

 **任务目标**

终极目标：能熟练讲解通信系统的组成及工作原理。
促成目标：1. 掌握通信系统的组成。
　　　　　2. 了解信息大小的衡量方法。
　　　　　3. 了解信号传输的工作原理。

 **工作任务**

1. 参观中国移动、中国联通或中国电信 3 家运营商在当地的分公司，了解移动信号的传输过程。
2. 制作矿石收音机，了解音频信号接收的原理。

**相关知识**

## 一、通信系统的组成

我们平时所用的电话、手机、计算机、电视、收音机等都是传播信号的设备,都实现了两点之间的通信。那么什么是通信呢?

所谓通信是指通过某种媒质进行的信息传递。用于进行通信的设备硬件(Hardware)、软件(Software)、传输介质(Medium)的集合称为通信系统。

从定义可以看出,电话、手机、计算机、电视、收音机等都是通信系统中的一种硬件设备,手机、计算机、电视等设备中配套的软件也是通信系统的一部分。

从生活常识中我们知道,如果手机没装 SIM 卡、手机欠费、手机没信号的时候,是不能进行通话的。因此,仅仅只有电话、手机、计算机、电视、收音机等单个设备,是不能实现通信的。那么,一个通信系统还包括哪些设备呢?

从硬件上看,通信系统主要由 5 部分组成:信源(Source of Information)、信宿(User of Information)、传输介质(信道)(Channel)、收信设备(Receiver)、发信设备(Transmitter),如图 2-3-1所示。

图 2-3-1　通信系统的组成

信源:作用是将原始信号转换成电信号即基带信号。常见的信源有话筒、摄像机等。

发送与接收设备:对信号进行相应的处理又称为通信设备。

传输介质(信道):传输信号的通道。双绞线、同轴电缆、光导纤维、无线信道等。

信宿:与信源相对应对传输过来的电信号进行还原。

由定义可知,电话、手机、计算机、电视、收音机等都能接收到信号,因此都是信宿。电话、手机、计算机又可以向外发送信号,都是信源。而电视、收音机却不能向外发送信号,就不是信源。典型的电话和收音机通信系统如图 2-3-2 所示。

那么如何区分电话通信和收音机广播通信的不同呢? 在通信原理中存在双工通信、单工通信两种不同的通信方式,如图 2-3-3 所示。

双工通信系统允许两台设备间同时进行双向信息传输,又称为全双工通信系统。通信过程中,线路上存在 A 到 B 和 B 到 A 的双向信号传输。在双工方式下,通信系统的每一端都设置了发送器和接收器,因此,能控制数据同时在两个方向上传送。一般的电话、手机就是双工通信系统,因为在讲话的同时也可以听到对方的声音。

单工通信指仅能单方向传输数据。通信双方中,一方固定为发送端,一方则固定为接收端。信息只能沿一个方向传输,使用一根传输线。例如计算机和打印机之间的通信是单工模式,因为只有计算机向打印机传输数据,而没有相反方向的数据传输。收音机广播系统也属于单工通信,只能由广播电台向收音机传输信号。

那么,在我们生活中还有一种特殊的通信系统——对讲机通信。我们知道,两台对讲机之

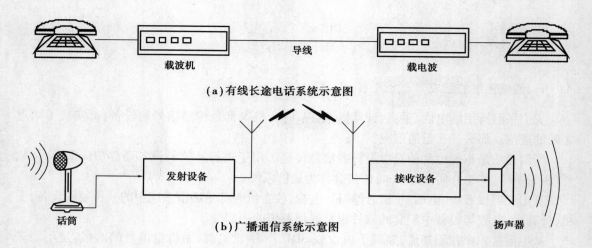

（a）有线长途电话系统示意图

（b）广播通信系统示意图

图 2-3-2　典型通信系统

间是能够互相通话的。但是，只能是一方讲完，设法告知另一方讲话结束（例如讲完后加上"OVER"），另一方才知道可以开始讲话。这种通信方式又属于什么通信类型呢？通信原理上称这类通信方式为半双工系统，该系统允许两台设备之间的双向信息传输，但不能同时进行。同一时间只允许一设备传送信息，若另一设备要传送信息，需等原来传送信息的设备传送完成后再处理。采用半双工方式，通信系统每一端的发送器和接收器，通过收、发开关转接到通信线上，进行方向的切换。因此，会产生时间延迟。

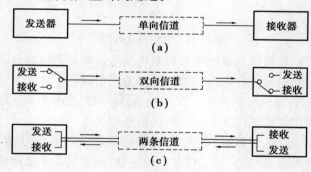

图 2-3-3　单工、半双工、双工通信系统

## 二、信号传输的通道

我们经常说："手机没有信号了"。那么，信号的作用是什么呢？

信号是信息的载体，信号必须能被人的视觉、听觉、味觉或触觉感受到，或被机器设备检测到。信号如果不可变，则无法携带丰富多彩的信息，信号必须能够通过物理方法产生或实现。

信号可分为模拟信号和数字信号两大类。时间和状态均连续的信号称为模拟信号，常见的模拟信号有话音信号、电视图像信号等。时间和状态均离散的信号称为数字信号，现代通信系统基本上实现了数字通信。把从模拟信号采集而来的每一个离散幅值用二进制进行编码，所得到的脉冲序列才是实用的数字信号。因此，真正使用的数字信号（二进制信号）是只有"0"和"1"两个取值的脉冲序列。

信道就是信号传输的途径,又称为传输媒介。信道可分为有线信道和无线信道,网线(双绞线)、有线电视线(同轴电缆)、光纤(光缆)即为有线信道,如图2-3-4所示。

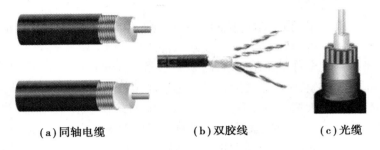

(a)同轴电缆　　　　　　(b)双胶线　　　　　　(c)光缆

图2-3-4　有线信道

无线信道主要由光波和无线电波作为传输载体。在光波中,红外线、激光是常用的信号载体,红外线广泛用于短距离通信,如电视、录像机、空调器等家用电器使用的遥控装置;激光可用于建筑物之间的局域网连接,因为它具有高带宽和定向性好的优势,但是,由于受天气、热气流或热辐射等影响,使得它的工作质量存在不稳定性。

无线电波传输信号被广泛利用,我们的手机、收音机、电视、雷达等通信均是使用无线电波。根据频率高低的不同(波长的不同),人们将无线电波分为9个大波段,见表2-3-1。

表2-3-1　无线电波波段划分

| 频段名称 | 频率范围 | 波长范围 | 波段名称 | 传输介质 | 用　途 |
|---|---|---|---|---|---|
| 甚低频<br>VLF | 3 Hz ~ 30 kHz | $10^8$ ~ $10^4$ m | 甚长波 | 有线线对<br>长波无线电 | 音频、电话、数据终端、长距离导航、时标 |
| 低频<br>LF | 30 ~ 300 kHz | $10^4$ ~ $10^3$ m | 长波 | | 导航、信标、电力线通信 |
| 中频<br>MF | 300 kHz ~ 3 MHz | $10^3$ ~ $10^2$ m | 中波 | 同轴电缆<br>中波无线电 | 调幅广播、移动陆地通信、业余无线电通信 |
| 高频<br>HF | 3 ~ 30 MHz | $10^2$ ~ 10 m | 短波 | 同轴电缆<br>短波无线电 | 移动无线电话、短波广播、军用定点通信、业余无线电通信 |
| 甚高频<br>VHF | 30 ~ 300 MHz | 10 ~ 1 m | 超短波 | 同轴电缆<br>米波无线电 | 电视、调频广播、空中管制、车辆通信、导航 |
| 特高频<br>UHF | 300 MHz ~ 3 GHz | 1 m ~ 10 cm | 微波 | 波导<br>分米波无线电 | 电视、空间遥测、雷达导航、点对点通信、移动通信、专用短程通信、微波炉、蓝牙技术 |
| 超高频<br>SHF | 3 ~ 30 GHz | 10 ~ 1 cm | | 波导<br>厘米波无线电 | 微波接力、雷达、卫星和空间通信、专用短程通信 |
| 极高频<br>EHF | 30 ~ 300 GHz | 1 cm ~ 1 mm | | 波导<br>毫米波无线电 | 微波接力、雷达、射电天文学 |
| 紫外线、红外线、可见光 | $10^5$ ~ $10^7$ GHz | $3 \times 10^{-4}$ ~ $3 \times 10^{-6}$ cm | 光波 | 光纤<br>激光空间传播 | 光通信 |

### 三、信号传输的载体

通常家庭上网都需一个"猫",有"电猫""光猫"等。那么,为什么这个设备叫"猫"? 它的作用又是什么呢?

这个网络设备的中文全称是调制解调器,是调制器(Modulator)与解调器(Demodulator)的简称,根据 Modem 的谐音,亲切地称之为"猫"。它是模拟信号和数字信号的"翻译员"。我们使用的电话线路传输的是模拟信号,而计算机之间传输的是数字信号。因此当你想通过电话线把自己的计算机连入 Internet 时,就必须使用调制解调器来"翻译"两种不同的信号。连入 Internet 后,当计算机向 Internet 发送信息时,由于电话线传输的是模拟信号,因此必须要用调制解调器来把数字信号"翻译"成模拟信号,才能传送到 Internet 上,这个过程称为调制。当计算机从 Internet 获取信息时,由于通过电话线从 Internet 传来的信息都是模拟信号,因此计算机想要看懂它们,还必须借助调制解调器这个"翻译",这个过程称为解调。

平时人说话的音频是一个低频信号,一般而言,在接收信号时天线的长度要和信号的波长相当,若直接传输低频信号,由于波长较长,天线无法设计。比如语音信号一般小于 4 kHz,信号波长至少 75 000 m,很显然不能设计一根这么长的天线。所以一般先把低频信号调制到高频上进行传输,在接收端进行解调,恢复低频信号。采用调制解调器就可以在发射端把低频的音频信号调制放到高频率的载波信号上,然后在接收端再从较高频率的载波信号上解调出低频的音频信号。相当于把一个"快递"(音频)放到一辆"卡车"(载波)上运输到目的地,然后再卸下来送给接收者。

基于载波信号的 3 个主要参数,可以把调制方式分为 3 种:调幅 AM、调频 FM 和调相 PM。我们经常听到的广播里说"FM……MH",就说明该广播的信号是经过调频方式发出的。例如,"FM88.8MH"(快乐 888,中山广播电台)。又如,AM92(中山人民广播电台环保旅游之声)表

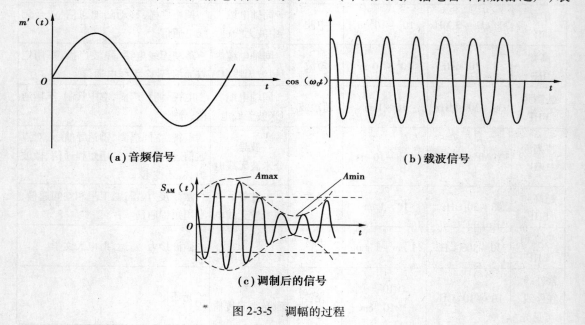

(a)音频信号　　　　　　　　　　(b)载波信号

(c)调制后的信号

图 2-3-5　调幅的过程

示该电台是通过调幅方式发射信号的。如图 2-3-5 所示是调幅的过程,图(a)表示原始的音频信号,频率较低。图(b)为载波信号,频率较高。图(c)是调幅的结果,可以看出,载波幅度的变化规律正好是低频的音频信号波形,好像是把音频信号"放"(调制)到了载波的幅值上,空间中传播的即是 c 形无线电波。到了接收端,再把音频信号从载波上"拿"(解调)下来。

## 任务实施

### 一、任务提出

①参观中国移动、中国联通或中国电信 3 家运营商在当地的分公司,了解移动信号的传输过程。
②制作矿石收音机,了解音频信号接收的原理。

### 二、任务目标

①能够独自讲解通信系统的组成及工作原理。
②会制作矿石收音机,掌握信号接收设备的工作原理。

### 三、实施步骤

①由任课教师与校企合作企业进行沟通,选择一家运营商的分公司用于参观,并确定参观时间。
②教师要提前对参观对象进行深入了解,提前给学生进行讲解,使学生对参观对象有初步了解。
③学生参观时,要遵守企业的规章制度,认真听取企业专业技术人员的讲解。
④学生要作好记录,重点了解移动通信系统的组成及信号传输工作原理。
⑤撰写参观实训报告。
⑥利用课余时间制作矿石收音机,具体制作方法可网上查找自学,由教师指导完成。

### 四、任务总结

任务实施过程中,要时刻注意安全。最好采用分组形式,以便每个学生都能听到讲解,能看到参观的通信系统的各组成设备。教师要随时与学生在一起,不能让学生单独进行操作。
任务结束后,学生要完成相应的实训报告书。

## 思考与练习

1. 简述电话、手机、计算机、电视等通信方式的共同点。
2. 列写常见的无线通信。网上查找资料,写出这些通信方式的频率。
3. 有没有不需要载波的通信方式呢?请网上查找资料回答。

# 项目三
# 办公室到楼层弱电间通信线路的安装与维护

办公室到楼层弱电间通信线路属于综合布线中的水平子系统,也称为水平布线子系统,在GB 50311—2007《综合布线工程设计规范》中称为配线子系统,是整个布线系统的一部分。一般在一个楼层上,是从工作区的信息插座开始到管理间子系统(楼层弱电间)的配线架。由工作区信息插座、水平电缆、配线设备等组成。综合布线中水平子系统是计算机网络信息传输的重要组成部分。一般由 4 对 UTP 线缆构成,如果有磁场干扰或是信息保密时,可用屏蔽双绞线,高带宽应用时,可用光缆。

工作区每间办公室的信息点均需连接到楼层弱电间。最大水平距离 90 m,指从水平布线子系统中的配线架的端口至工作区的信息插座的电缆长度。工作区的跳线、连接设备的跳线、交叉线的总长度不能超过 10 m,因为双绞线的传输距离是 100 m。水平布线系统施工是综合布线系统中最大量的工作,在建筑物施工完成后,不易变更,通常都采取"水平布线一步到位"的原则。因此要施工严格,保证链路性能。

## 任务一　办公室到楼层弱电间(水平子系统)布线设备的认识

### 任务目标

终极目标:熟练讲解水平子系统通信线路布线原则及所需设备。
促成目标:1.了解水平子系统布线的设计原则。
　　　　　2.掌握水平子系统布线所需设备的结构类型。

### 工作任务

1.参观教学楼任一楼层水平子系统布线情况。
2.列写水平子系统布线所需的设备。

相关知识

## 一、水平子系统设计原则认知

### 1. 性价比最高原则

水平子系统范围广、布线长、材料用量大,对工程总造价和工程质量有比较大的影响,因此需要制订一个最高性价比的施工方案。

### 2. 预埋管原则

新建建筑物在施工前,弱电工程师就应该认真分析网络布线路由和距离,确定缆线的走向和位置,在新建建筑物的梁和立柱中预埋穿线管。在新建建筑物中预埋线管的成本比明装布管、槽的成本低,工期短,外观美观。若是旧楼改造或者装修时,考虑在墙面刻槽埋管或者墙面明装线槽。

### 3. 水平缆线最短原则

一般把楼层弱电间设置在信息点居中的房间,保证水平缆线最短。对于楼道长度超过100 m的楼层,或者信息点比较密集时,可以在同一层设置多个弱电间,这样既能节约成本,又能降低施工难度(布线距离短时,线管和电缆拐弯减少,布线拉力也小)。

### 4. 水平缆线最长原则

按照GB 50311—2007国家标准规定,铜缆双绞线电缆的信道长度不超过100 m,水平布线时缆线长度不超过90 m。因此在工程前期设计时,一定要考虑到这一点,水平布线的缆线最长不超过90 m。

### 5. 避让强电原则

一般尽量避免水平缆线与36 V以上强电供电线路平行走线。在工程设计和施工中,一般原则为网络布线避让强电布线。如果确实需要平行走线时,应保持一定的距离,一般非屏蔽网络双绞线电缆与强电电缆距离大于30 cm,屏蔽网络双绞线电缆与强电电缆距离大于7 cm。如果需要近距离平行布线甚至交叉跨越布线时,需要用金属管保护网络布线。

### 6. 地面无障碍原则

在设计和施工中,必须坚持地面无障碍原则。一般考虑在吊顶上布线,楼板和墙面预埋布线等。对于弱电间和设备间等需要大量地面布线的场合,可以增加抗静电地板,在地板下布线。

## 二、办公室到楼层弱电间通信设备的认识

### 1. PVC 管

PVC是一种乙烯基的聚合物质,采用纳米防腐新材料,利用先进设备和热浸塑工艺制作成的PVC胶管,如图3-1-1所示。PVC线管具有优良的机械性能、优良的抗腐蚀性能、耐压强度高、热膨胀系数小、不收缩变形、不易燃性、高强度、耐气候变化性以及优良的几何稳定性。用于室内正常环境和在高温、多尘、有震动及有火灾危险的场所。PVC穿线管被广泛应用于全国各个地区的电力、通信、交通、市政、矿山、石油、化工等管道系统建设中。

线管按品种分为硬质管、半硬质管、波纹管;按特性分为轻型、中型、重型、超重型;按温度

等级分为 25 型、05 型、90/-25 型等；按公称外径分为 16 mm，20 mm，25 mm，32 mm，40 mm，63 mm 等。在选择线管规格时，要按照布线的总面积计算，布线的总面积必须小于线管面积的 70% 。

图 3-1-1　PVC 管

线管的配件分为弯头、三通、直通、罗接、管卡、过路盒、一通盒、三通盒等，如图 3-1-2 所示。

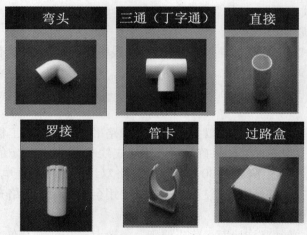

图 3-1-2　线管配件

2. 桥架

电缆桥架由支架、托臂和安装附件等组成，是使电线、电缆、管缆铺设达到标准化、系列化、通用化的电缆铺设装置。可以独立架设，也可以附设在各种建（构）筑物和管廊支架上，体现结构简单、造型美观、配置灵活和维修方便等特点，全部零件均需进行镀锌处理，安装在建筑物外露天的桥架，如果是在邻近海边或属于腐蚀区，则材质必须具有防腐、耐潮气、附着力好，耐冲击强度高的物性特点。

桥架的分类如图 3-1-3 所示。通常工程上是按结构形式进行分类的，可分为托盘式、梯架式、槽式、组合式、网格式等结构。

（1）托盘式

托盘式电缆桥架是石油、化工、轻工、电信等方面应用最广泛的一种。它具有质量轻、载荷

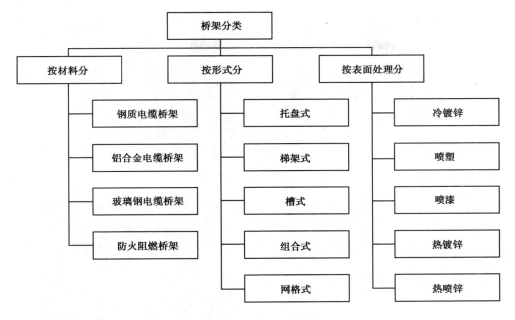

图 3-1-3 桥架的分类

大、造型美观、结构简单、安装方便等优点。它既适用于动力电缆的安装,也适合于控制电缆的敷设,如图 3-1-4 所示。

图 3-1-4 托盘式桥架

(2)梯架式

梯架式电缆桥架具有质量轻、成本低、造型别具、安装方便、散热、透气好等优点。适用于一般直径较大电缆的敷设,适合于高、低压动力电缆的敷设,如图 3-1-5 所示。

(3)槽式

槽式电缆桥架是一种全封闭型电缆桥架。它最适用于敷设计算机电缆、通信电缆、热电耦电缆及其他高灵敏系统的控制电缆等。它对控制电缆的屏蔽干扰和重腐蚀中环境电缆的防护都有较好的效果,如图 3-1-6 所示。

托盘式、梯架式、槽式电缆桥架各自优缺点:梯架式汇线桥架具有良好的通风性能,不防

图 3-1-5 梯架式桥架

图 3-1-6 槽式桥架

尘、不防干扰。槽式、托盘式汇线桥架具有防尘、防干扰性能。

(4)组合式

组合式电缆桥架是一种新型桥架,是电缆桥架系列中的第二代产品,如图 3-1-7 所示。它适用各项工程、各种单位、各种电缆的敷设。具有结构简单、配置灵活、安装方便、形式新颖等特点。组合式电缆桥架只要采用宽 100,150,200 mm 的 3 种基型就可以组成所需要尺寸。它不需生产弯通、三通等配件就可以根据现场安装任意转向、变宽、分引上、引下。在任意部位、不需要打孔、焊接就可用管引出。它既可方便工程设计,又方便生产运输,更方便安装施工,是目前电缆桥架中最理想的产品。

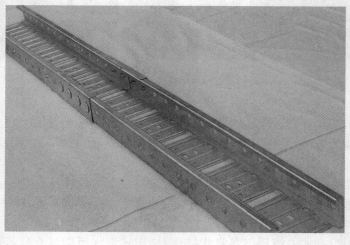

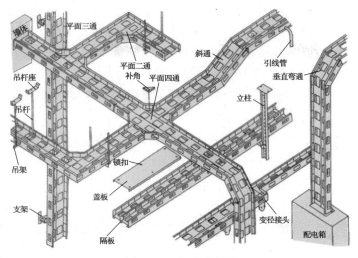

图 3-1-7 组合式桥架

（5）网格式

随着技术的发展，市场上出现一种网格式网络桥架，如图 3-1-8 所示。网格式桥架的开放结构能让线缆最大幅度地通风散热，跟装在空气中一样，热量不会聚集在桥架中。因此，可以节约能耗，优化线缆性能。网格式桥架结构也能防止水、灰尘、碎屑的聚积，细菌不易繁殖，更加洁净，降低发生火灾或其他安全危害的风险。

图 3-1-8 网格式桥架

网格式桥架所有的转弯、三通、四通、过梁等特殊部分在工地现场由直段桥架直接加工而成，无须去工厂定制。这样不仅节省昂贵的定制费用，更能节约时间，提前工程的交付日期。

在金属桥架中放置一块钢铁质地的分隔板可以大幅度地减小动力缆和数据缆安装时所必需的间隔距离。网格式桥架只要分隔板本身连续不断裂,并具有良好的电连续性,即使动力缆和数据缆都是非屏蔽的,所需的间隔距离也能减少到50 mm。测试中也发现,如果把动力缆和电力缆同时敷设在一个封闭式桥架中时,干扰的强度则大大增加。因此使用开放的网格式桥架,配以低电阻的连接件和金属分隔板,不仅能减少触电的风险,而且也能节约空间和原料,降低安装成本。

 **任务实施**

### 一、任务提出

①参观学校教学楼任一楼层水平子系统(计算机机房到楼层弱电间)通信线路的布线情况。

②认真了解该楼层水平子系统布线所用的线管、桥架类型,并作记录。

### 二、任务目标

①能够独自讲解水平子系统通信线路的连接原理。

②掌握水平子系统通信线路的布线方法。

### 三、实施步骤

①由任课教师与学校后勤或IT部门进行沟通,选择合适的楼层进行参观,并确定参观时间。

②教师要提前对参观对象进行深入了解,提前给学生进行讲解,使学生对参观对象有初步了解。

③学生参观时,要遵守各项规章制度,认真听取IT专业技术人员的讲解。

④学生要做好记录,重点了解该楼层通信线路的连接原理。

⑤撰写参观实训报告。

### 四、任务总结

任务实施过程中,要时刻注意安全。采用分组形式,以便每位学生都能听到技术人员讲解,每位学生都能看到各通信设备。教师要随时与学生在一起,不能让学生单独进行操作。

任务结束后,学生要完成相应的实训报告书。

 **思考与练习**

1. 简述水平子系统所用的布线设备。

2. 简述网格式桥架的优点。

3. 计算外径25 mm的PVC线管可以穿几根超五类网线。

## 任务二　办公室到楼层弱电间(水平子系统)通信线路的安装与维护

**任务目标**

终极目标:会按国家标准正确安装办公室到楼层弱电间的通信线路。
促成目标:1. 会正确使用水平布线的安装工具。
　　　　　2. 掌握水平布线的安装方法。
　　　　　3. 掌握线管、桥架的类型及使用场合。

**工作任务**

1. 按图纸及国家标准安装办公室到楼层弱电间的通信线路。
2. 按要求理线,确保布线工艺美观。

**相关知识**

### 一、主要安装工具的认识

#### 1. 管剪

管剪是用不锈铁刀片经过高频淬火和铝合金主体结构而成,如图 3-2-1 所示。管剪坚固耐用,操作简单方便,剪切范围为直径 42 mm 以内的线管。

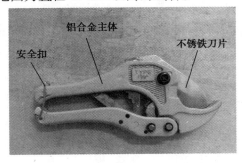

图 3-2-1　管剪

管剪的使用方法:首先打开安全扣,双手掌握管剪两边手柄,用力向外拉,如图 3-2-2(a)所示。拉到可以放下被剪管就可以停下来了,如图 3-2-2(b)所示。然后把管要切断的位置对齐刀片,单手慢慢压紧,如图 3-2-2(c)所示。当刀片压到管的表面时,一边转动管剪,一边压紧管剪,如图 3-2-2(d)所示。到了刀片切过管的厚度时,就不用转动管剪了,如图 3-2-2(e)所示。一直压到管切断为止,如图 3-2-2(f)所示。

#### 2. 弯管器

PVC 弯管器有内用和外用弯管器,从弯管的效果来讲,内用的效果好,容易控制管子的弯

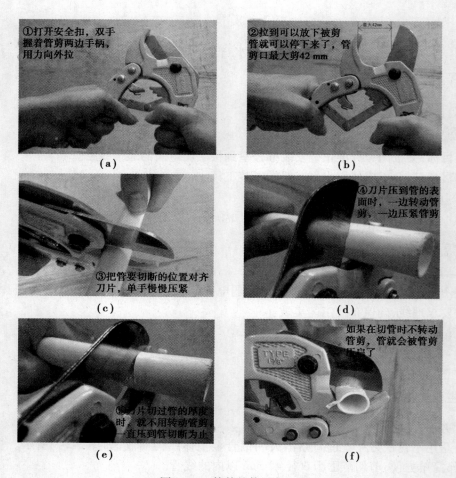

①打开安全扣，双手握着管剪两边手柄，用力向外拉

②拉到可以放下被剪管就可以停下来了，管剪口最大剪42 mm

（a）　　　　　（b）

③把管要切断的位置对齐刀片，单手慢慢压紧

④刀片压到管的表面时，一边转动管剪，一边压紧管剪

（c）　　　　　（d）

⑤刀片切过管的厚度时，就不用转动管剪，一直压到管切断为止

如果在切管时不转动管剪，管就会被管剪压启了

（e）　　　　　（f）

图 3-2-2　管剪的使用方法

度。PVC 内用弯管器是一种弹簧样的，如图 3-2-3 所示。将型号合适的弹簧弯管器穿入管子，不要太用劲，掰到自己要的弯度就行了。

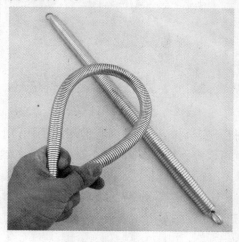

图 3-2-3　内用弯管器

PVC 弯管器的使用方法:首先把弯管器穿 PVC 管里,弯管器长度的中心点穿到 PVC 管要弯曲的位置,如图 3-2-4(a)所示。然后把 PVC 管要弯曲的位置放到脚的膝盖上,双手用力往内弯,如图 3-2-4(b)所示。如果你要弯成 90°角,就要把弯的角度大于 90°,最后把弯管器拿出来,如图 3-2-2(d)所示。

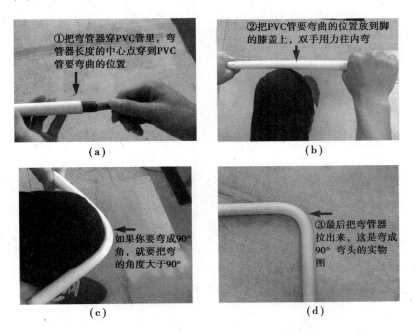

图 3-2-4　弯管器的使用方法

### 3.穿线器

穿线器是采用 19 条细钢丝绳组合制成,刚中带柔、耐用耐磨,加上外皮用透明塑胶层包住,使穿线器防锈、抗拉力更加大了,如图 3-2-5 所示。穿线器一端是子弹头,另一端是滚轮双引线头,使用更加方便。

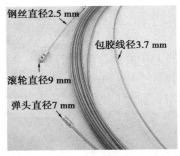

图 3-2-5　穿线器

穿线器的使用方法:首先铺排好合理走向的线管,确保弯头处是用弯管器弯的,固定好线管。将穿线器头穿入线管(当弯头比较多时候就用滚轮双引线头),如图 3-2-6(a)所示。在线管另一端拉出一小段,然后将需要进入线管的电线各线头削去约 5 cm,如图 3-2-6(b)所示。取其一根裸线穿进穿线器的头部小孔圈折牢固,如图 3-2-6(c)所示。其他需要进入同一线管的线就把它们绞在一起,用胶带包好,如图 3-2-6(d)所示。最后一人拉扯穿线器一端,如图

3-2-6(e)所示,由另一个人在线管子另一端慢慢把线顺着放入线管口,如图3-2-6(f)所示。当拉扯困难时,轻轻敲打线管就可以了。

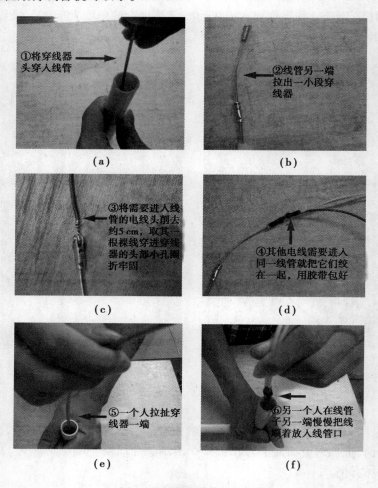

 ①将穿线器头穿入线管

(a)

 ②线管另一端拉出一小段穿线器

(b)

 ③将需要进入线管的电线头削去约5 cm,取其一根裸线穿进穿线器的头部小孔圈折牢固

(c)

 ④其他电线需要进入同一线管就把它们绞在一起,用胶带包好

(d)

 ⑤一个人拉扯穿线器一端

(e)

 ⑥另一个人在线管子另一端慢慢把线顺着放入线管口

(f)

图 3-2-6　穿线器使用方法

### 4.5 对打线钳

5 对打线钳是一种简便快捷的 110 型连接端子打线工具,如图 3-2-7 所示。5 对打线钳是110 配线(跳线)架卡接连接块的最佳手段。一次最多可以接 5 对的连接块,操作简单、省时省力。适用于线缆、跳接块及跳线架的连接作业。

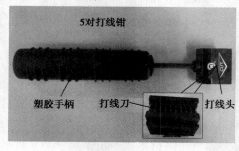

5对打线钳

塑胶手柄 打线刀 打线头

图 3-2-7　5 对打线钳

5. 鸭嘴跳线

鸭嘴跳线分为1对鸭嘴跳线和4对鸭嘴跳线,如图3-2-8所示。分别用于测试110配线架与连接RJ11网络模块及RJ45网络模块之间的通断。

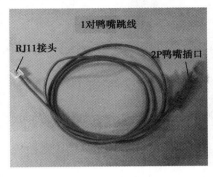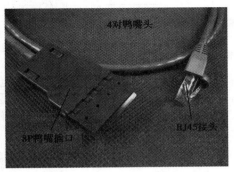

图 3-2-8　鸭嘴跳线

## 二、办公室到楼层弱电间通信线路布线原则认知

1. 拓扑结构——星形结构

水平子系统的拓扑结构为星形结构,如图3-2-9所示。每个信息点都必须通过一根独立的缆线与楼层弱电间的配线架连接,然后通过跳线与交换机连接。此工程中,办公室内已经装有交换机,进行了网络拓扑,因此,从弱电间到办公室只需一条数据线和一条语音线即可。

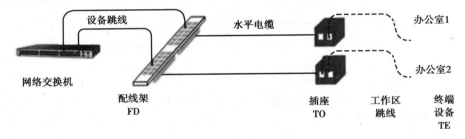

图 3-2-9　水平子系统拓扑结构

2. 布线距离要求

在电缆水平子系统中,信道最大长度不应大于100 m。其中水平电缆长度不大于90 m,工作区设备和弱电间设备连接跳线不大于5 m,信道总长度不应大于2 000 m,如图3-2-10所示。

3. CP集合点的设置

如果在水平布线系统施工中,需要增加CP集合点时,同一个水平电缆上只允许一个CP集合点,而且CP集合点与FD配线架之间水平线缆的长度应大于15 m。

CP集合点的端接模块或者配线设备应安装在墙体或柱子等建筑物固定的位置,不允许随意放置在线槽或者线管内,更不允许暴露在外边。

CP集合点只允许在实际布线施工中应用,规范了缆线端接做法,适合解决布线施工中个别线缆穿线困难时中间接续,实际施工中尽量避免出现CP集合点。在前期项目设计中不允许出现CP集合点。

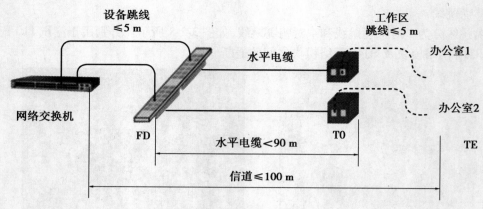

图 3-2-10 布线距离要求

### 4. 各段线缆长度限值

各段线缆长度的具体要求见表 3-2-1。

表 3-2-1 各段线缆长度的具体要求

| 电缆总长度/m | 水平布线电缆 $H$/m | 工作区电缆 $W$/m | 电信间跳线和设备电缆 $D$/m |
|---|---|---|---|
| 100 | 90 | 5 | 5 |
| 99 | 85 | 9 | 5 |
| 98 | 80 | 13 | 5 |
| 97 | 75 | 17 | 5 |
| 97 | 70 | 22 | 5 |

### 5. 布线弯曲半径要求

布线标准要求必须监测最低弯曲半径,如果不能满足最低弯曲半径要求,电缆可能会损坏,电缆性能会下降,具体要求见表 3-2-2 所示。在拉入电缆时的半径要高于在安装时的最低弯曲半径。这是因为在拉入时,电缆处于拉伸过程中,因此更可能损坏,如图 3-2-11 所示。安装的电缆不承受拉力,受到损坏的可能较低。

表 3-2-2 线缆弯曲半径要求

| 线缆类型 | 弯曲半径(mm)/倍 |
|---|---|
| 4 对非屏蔽电缆 | 不小于电缆外径的 4 倍 |
| 4 对屏蔽电缆 | 不小于电缆外径的 8 倍 |
| 大对数主干电缆 | 不小于电缆外径的 10 倍 |
| 2 芯或 4 芯室内光缆 | > |
| 其他芯数和主干室内光缆 | 不小于光缆外径的 10 倍 |
| 室外光缆、电缆 | 不小于缆线外径的 20 倍 |

### 6. 缆线的布放根数

当线槽或线管中的线缆太多时,不利于后期的施工穿线,同时也可能会导致发热严重,影

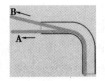
正确拉线方向

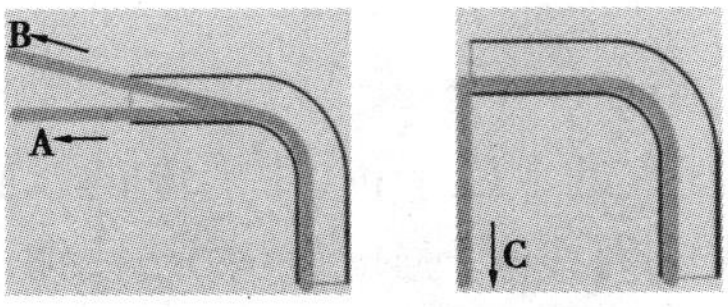

错误拉线方向

图 3-2-11　穿线要求

响线缆的使用寿命。表 3-2-3 为不同规格的线槽和桥架允许容纳的线缆数,表 3-2-4 为不同规格的线管允许容纳的线缆数。

表 3-2-3　线槽和桥架规格型号与容纳双绞线最多条数表

| 线槽/桥架类型 | 线槽/桥架规格/mm | 容纳双绞线最多条数 | 截面利用率/% |
|---|---|---|---|
| PVC | 20×10 | 2 | 30 |
| PVC | 25×12.5 | 4 | 30 |
| PVC | 30×16 | 7 | 30 |
| PVC | 39×18 | 12 | 30 |
| 金属、PVC | 50×25 | 18 | 30 |
| 金属、PVC | 60×22 | 23 | 30 |
| 金属、PVC | 75×50 | 40 | 30 |
| 金属、PVC | 80×50 | 50 | 30 |
| 金属、PVC | 100×50 | 60 | 30 |
| 金属、PVC | 100×80 | 80 | 30 |
| 金属、PVC | 150×75 | 100 | 30 |
| 金属、PVC | 200×100 | 150 | 30 |

表 3-2-4　线管规格型号与容纳双绞线最多条数表

| 线管类型 | 线管规格/mm | 容纳双绞线最多条数 | 截面利用率/% |
|---|---|---|---|
| PVC、金属 | 16 | 2 | 30 |
| PVC | 20 | 3 | 30 |
| PVC、金属 | 25 | 5 | 30 |
| PVC、金属 | 32 | 7 | 30 |
| PVC | 40 | 11 | 30 |
| PVC、金属 | 50 | 15 | 30 |
| PVC、金属 | 63 | 23 | 30 |
| PVC | 80 | 30 | 30 |
| PVC | 100 | 40 | 30 |

**7. 网络线缆与电力线缆的间距**

强电因为电压高,容易产生很大的电磁干扰,跟弱电的线路走在一起会影响弱电的信号。因此,楼宇综合布线时,一般要求电力线缆(强电)和网络线缆(弱电)要分开。表 3-2-5 为不同电力线缆与网络线缆之间的最小距离要求。

表 3-2-5　电力线缆与网络线缆间最小布线距离

| 类　别 | 与综合布线接近状况 | 最小间距/mm |
|---|---|---|
| 380 V 以下电力电缆<br><2 kV·A | 与缆线平行敷设 | 130 |
| | 有一方在接地的金属线槽或钢管中 | 70 |
| | 双方都在接地的金属线槽或钢管中 | 10 |
| 380 V 电力电缆<br>2~5 kV·A | 与缆线平行敷设 | 300 |
| | 有一方在接地的金属线槽或钢管中 | 150 |
| | 双方都在接地的金属线槽或钢管中 | 80 |
| 380 V 电力电缆<br>>5 kV·A | 与缆线平行敷设 | 600 |
| | 有一方在接地的金属线槽或钢管中 | 300 |
| | 双方都在接地的金属线槽或钢管中 | 150 |

**8. 网络线缆与电力设备的间距**

一般来说,一栋大楼安装有许多的电力设备,在进行网络综合布线时,要尽量远离这些设备,以防受到干扰。表 3-2-6 为网络线缆与电力设备间的距离要求。

表 3-2-6　网络线缆与电力设备间的最小布线距离

| 名称 | 最小净距/m | 名称 | 最小净距/m |
|---|---|---|---|
| 配电箱 | 1 | 电梯机房 | 2 |
| 变电室 | 2 | 空调机房 | 2 |

**9. 网络线缆与其他管线的间距**

网络线缆与大楼内的水管、煤气管等管道也要远离,布线距离见表 3-2-7。

表 3-2-7　网络线缆与其他管线间的布线距离要求

| 其他管线 | 平行净距/mm | 垂直交叉净距/mm |
|---|---|---|
| 避雷引下线 | 1 000 | 300 |
| 保护地线 | 50 | 20 |
| 给水管 | 150 | 20 |
| 压缩空气管 | 150 | 20 |
| 热力管(不包封) | 500 | 500 |
| 热力管(包封) | 300 | 300 |
| 煤气管 | 300 | 20 |

**10. 材料规格和数量统计表**

在进行施工前,要对布线所用到的材料进行初步统计,作好预算。表 3-2-8 为某住宅楼 6 楼、7 楼、8 楼、9 楼进行布线所用到的材料清单,该表格格式可以通用。

表 3-2-8　某布线工程所用的材料清单

| 材料 信息点 | 4-UTP 电缆/m | PVC 线槽 ($\phi 40$ mm) | 堵头 ($\phi 40$ mm) | 三通 ($\phi 40$ mm) | 四通 ($\phi 40$ mm) | 插座底盒 | 双口面板 | 网络模板 |
|---|---|---|---|---|---|---|---|---|
| 903 | 16.6 | 2 | 1 | 0 | 0 | 1 | 1 | 2 |
| 902 | 14.6 | 5.2 | 0 | 1 | 0 | 1 | 1 | 2 |
| 901 | 11.6 | 2 | 1 | 0 | 0 | 1 | 1 | 2 |
| 803 | 13.4 | 2 | 1 | 0 | 0 | 1 | 1 | 2 |
| 802 | 11.4 | 5.2 | 0 | 0 | 1 | 1 | 1 | 2 |
| 801 | 8.4 | 2 | 1 | 0 | 0 | 1 | 1 | 2 |
| 703 | 10.2 | 2 | 1 | 0 | 0 | 1 | 1 | 2 |
| 702 | 8.2 | 5.2 | 0 | 0 | 1 | 1 | 1 | 2 |
| 701 | 5.2 | 2 | 1 | 0 | 0 | 1 | 1 | 2 |
| 603 | 7 | 2 | 1 | 0 | 0 | 1 | 1 | 2 |
| 602 | 5 | 5.2 | 0 | 0 | 1 | 1 | 1 | 2 |
| 601 | 2 | 2 | 1 | 0 | 0 | 1 | 1 | 2 |
| 合计 | 113.6 | 36.8 | 8 个 | 1 个 | 3 个 | 12 个 | 12 个 | 24 个 |

 **任务实施**

**一、任务提出**

根据要求,进行水平子系统布线。从楼宇科组办公室到同一层的弱电间,共需敷设一条数据线和一条语音线。办公室内部的布线用线管,走廊上的布线用托盘式桥架,施工设计图纸已经制作完成,设备已经购买,请按图纸正确施工布线。

**二、任务目标**

①会正确使用水平子系统布线所需的各种工具。
②掌握各种水平子系统各通信设备的安装方法。
③熟悉网络布线防干扰的措施。
④掌握正确的理线方法。

### 三、实施步骤

（一）线管的安装

1. 预制加工

根据施工图纸，对 PVC 管进行预制。预制的工作内容包括下料切割、PVC 管煨弯等作业，小管径线管可使用剪管器断管，如图 3-2-2 所示；大管径使用钢锯锯断，断口后将管口锉平齐。按照设计图加工好支架、吊架、抱箍、铁件及管弯。

2. 弯管

将弯簧插入（PVC）管内需煨弯处，两手抓住弯簧两端头，膝盖顶在被弯处，用手扳逐步煨出所需弯度，然后抽出弯簧（当弯曲较长管时，可将弯簧用铁丝或尼龙线拴牢上一端，待煨完弯后抽出），如图 3-2-4 所示。

3. 放线定位

根据施工图纸测出盒、箱、出线口、各类插座的安装位置，测量时，可使用自制尺杆，弹线定位，把管路的垂直点、水平线弹出，弹水平线可用粉线袋，垂直线则可采用线坠，所弹墨线应清晰、横平竖直，如图 3-2-12 所示。按照要求标出支架、吊架固定点具体尺寸位置。

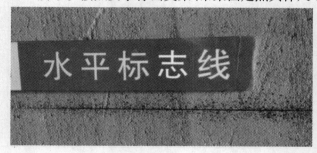

图 3-2-12　水平标志线

4. 确定管卡或支架位置

两根以下配管采用管卡固定，两根以上配管采用型钢支架及管卡（分金属和塑料两种）固定，如图 3-2-13 所示。管卡固定点的距离应均匀对称。管卡之间及管卡与终端、转弯中点、电气器具或接线盒边缘的距离应符合表 3-2-9 所列的要求。

表 3-2-9　PVC 管卡间最大距离

| 敷设方式 | 导管种类 | 导管直径/mm | | | | |
|---|---|---|---|---|---|---|
| | | 15 ~ 20 | 25 ~ 32 | 32 ~ 40 | 50 ~ 65 | 65 以上 |
| | | 管卡 | | | 间最大距离/m | |
| 沿墙明敷 | 刚性绝缘导管 | 1.0 | 1.5 | 1.5 | 2.0 | 2.0 |

5. 管路固定方法

①胀管法：先在墙上打孔，将胀管插入孔内，再用螺丝（栓）固定。

②木砖法：用木螺丝直接固定在预埋木砖上。

③预埋铁件焊接法：随土建施工，按测定位置预埋铁件。拆模后，将支架、吊架焊在预埋铁件上。

（a）金属管卡（骑马卡）固定

（b）塑料管卡（U形管卡）固定　　　　　　（c）支架固定

图3-2-13　线管固定

④预制法：随土建砌砖墙，将支架固定好。

⑤剔制法：按测量位置，剔出墙洞（洞内端应剔大些），用水把洞内浇湿，再将合好的高标号砂浆填入洞内，填满后，将支架、吊架或螺栓插入洞内，校正埋入深度和平直，无误后，将洞口抹平。

⑥抱箍法：按测定位置，遇到梁柱时，用抱箍将支架、吊架固定好。

无论采用何种固定方法，均应先固定两端支架、吊回，然后拉直线固定中间的支架、吊架。

6. 支架、吊架间距

支架、吊架及敷设在墙上的管卡固定点与盒、箱边缘的距离为150～300 mm，管路中间固定点距离的要求见表3-2-10所示。

表3-2-10　管路中间固定点间距（mm）

| 安装方式 | 支架 | | | 允许偏差 |
| --- | --- | --- | --- | --- |
| | 间距 | | | |
| | 管径 | | | |
| | 20 | 25～40 | 50 | |
| 垂直 | 1 000 | 1 500 | 2 000 | 30 |
| 水平 | 800 | 1 200 | 1 500 | 30 |

7. 线管敷设

敷管时，先将管卡一端的螺丝（栓）拧紧一半，然后将管敷设于管卡内，逐个拧紧，如图3-2-14所示。支架、吊架位置正确、间距均匀、管卡应平正牢固；埋入支架应有燕尾，埋入深度不应小于 120 mm；用螺栓穿墙固定时，背后加垫圈和弹簧垫用螺母紧牢固。

图 3-2-14　管卡固定线管

线管水平敷设时，高度应不低于 2 000 mm；垂直敷设时，不低于 1 500 mm（1 500 mm 以下应加保护管保护）。管路较长敷设时，超过下列情况时，应加接线盒：管路无弯时，30 m；管路有 1 个弯时，20 m；管路有两个弯时，15 m；管路有 3 个弯时，8 m；如无法加装接线盒时，应将管直径加大一号。

线管及支架、吊架应安装平直、牢固、排列整齐，如图 3-2-15 所示。线管弯曲处，无明显折皱、凹扁现象，如图 3-2-16 所示。PVC 管煨弯曲半径不应小于管外径的 6 倍；埋设于地下或混凝土楼板内时，不应小于管外径的 10 倍，弯扁程度不应大于管子外径的 10%。

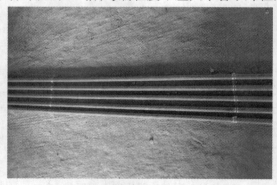

图 3-2-15　线管、管卡排列整齐

图 3-2-16　线管弯曲

直管每隔30 m应加装补偿装置,如图3-2-17所示。线管的一端直接套入补偿装置接头的大头,并粘牢。线管另一端套入补偿装置接头的小头,并粘牢。然后将此小头一端插入卡环中,小头可在卡环内滑动。

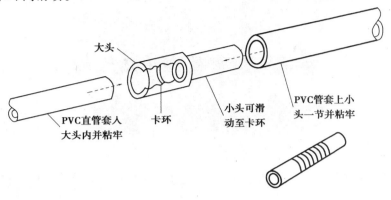

图3-2-17 补偿装置

线管与底盒、中间箱一般采用端接头与内锁母连接,要求平正、牢固,线管口应与盒、箱里口平齐,一管一孔,不允许开长孔,向上立管。管口采用端帽护口,防止异物堵塞管路,如图3-2-18所示。

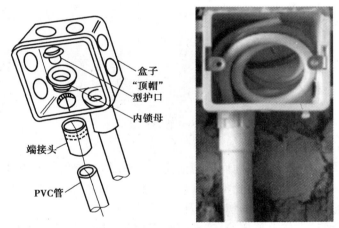

图3-2-18 线管与底盒连接

8. 线管连接

管口应平整光滑;管与管、管与盒(箱)等器件应采用插入法连接,连接处结合面应涂专用胶合剂,接口应牢固密封。管与管之间采用套管连接时,套管长度宜为管外径的1.5~3倍;管与管的对口应位于套管中处对平齐,如图3-2-19所示。管与器件连接时,插入深度宜为管外径的1.1~1.8倍。

9. 变形缝保护管制作

线管通过变形缝时(即穿墙过管)要做保护管,保护管应能承受管外冲击,保护管口径宜大于管外径的二级,如图3-2-20所示。

管路保护应符合以下规定:穿过变形缝处有补偿装置,补偿装置能活动自如;穿过建筑物

图 3-2-19　线路连接

和设备基础处,应加保护管;补偿装置平正,管口光滑,内锁母与管子连接可靠;加套保护管在隐蔽工程记录中标示正确。

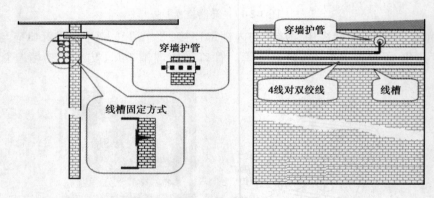

图 3-2-20　线管穿墙保护

10. 线管安装的注意事项

敷设管路时,保持墙面、顶棚、地面的清洁完整。修补铁件油漆时,不得污染建筑物。施工用高凳时,不得碰撞墙、角、门、窗;更不得靠墙面立高凳;高凳脚应有包扎物,既防划伤地板,又防滑倒。搬运物件及设备时不得砸伤管路及盒、箱。

若管路敷设出现垂直与水平超偏,管卡间距不均匀,应该是固定管卡前未拉线,造成水平误差;或使用卷尺测量有误。解决方法:应使用水平仪复核,让起终点水平,然后弹线再固定管卡,先固定起终两点,中间加挡管卡,选择规格产品,并要用尺杆测量使管卡固定高度一致。

(二)桥架的安装

1. 施工准备

金属桥架及其附件必须选用厂家配套产品,有出厂合格证及检验证书,型号规格符合设计要求。金属桥架内外应光滑平整、无棱刺,不应有扭曲、翘边等变形现象。进场时必须作检查验收,填写设备进场验收记录。

2. 弹线定位

根据设计图纸确定出进户线、盒、箱、柜等电气器具的安装位置,从始端至终端找好水平或垂直线,用粉线袋沿墙壁、顶棚和地面等处进行弹线。

　　根据设计图纸标注的轴线部位,将预制加工好的木制或铁制的框架,固定在标出的位置上,并进行调直找正,待现浇混凝土凝固模板撤除后,撤下框架,并抹平孔洞口。

3.支架与吊架安装

(1)支架与吊架安装要求

①支架与吊架所用钢材应平直,无显著扭曲。下料后长短偏差应在 5 mm 范围内,切口处应无卷边、毛刺。

②钢支架与吊架必须焊接牢固,无显著变形,焊缝均匀平整,不得出现裂缝、咬边等缺陷。

③支架与吊架必须安装牢固,保证横平竖直,在有坡度的建筑物上安装支架与吊架必须与建筑物有相同的坡度,如图 3-2-21、图 3-2-22 所示。

④万能吊具必须采用定型产品,对桥架进行吊装,并应有各自独立的吊装卡具或支撑系统。

⑤水平固定点间距在 1.5~2.0 m 选取,垂直固定的间距为 2.0 m。在进出接线盒、箱、柜、转角、转弯和变形缝两端及丁字接头的 3 端 500 mm 以内必须设置固定支撑点。

⑥支架与吊架距上层楼板不应小于 150~200 mm;距地面高度不应低于 100~150 mm。

⑦严禁用木砖固定支架与吊架。

⑧轻钢龙骨上敷设桥架必须各自有单独卡具吊装或支撑系统,吊杆直径不应小于 8 mm,支撑必须固定在主龙骨上,不允许固定在辅助龙骨上。

⑨可将支架或吊架制作专用的卡具固定在钢结构固定位置处。

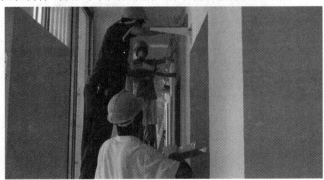

图 3-2-21　固定支架

图 3-2-22　固定吊架

(2)金属膨胀螺栓安装要求

①适用于 C15 以上混凝土构件及实心砖墙上,不适用于空心砖墙。

②钻孔直径的误差不得超过 ±0.5~0.3 mm;深度误差不得超过 ±3 mm;钻孔后应将孔内

残存的碎屑清除干净。

③螺栓固定后,其头部偏斜值不大于 2 mm。

④螺栓及套管的质量应符合产品的技术条件。

⑤螺栓的规格必须与厂家配套的吊杆直径一致或固定板上开孔的直径一致。

(3)金属膨胀螺栓安装方法

①定位。首先在墙壁或顶板根据设计图进行弹线定位,标出固定点的位置。

②钻孔。如图 3-2-23 所示,打孔的深度应以将膨胀螺栓套管全部埋入墙内或顶板内,表面平齐为准。

③清孔。清除干净打好的孔洞内的碎屑。

④植入。用木槌或垫上木块用铁锤将膨胀螺栓敲进洞内,敲击时不得损伤螺栓的丝扣。

⑤埋好螺栓后可用螺母配上相应的垫圈将支架或吊架直接固定在金属膨胀螺栓上。

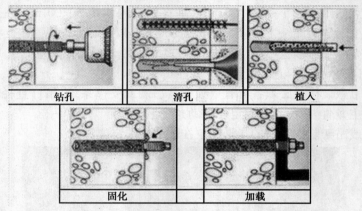

图 3-2-23　膨胀螺栓的安装

**4.桥架安装**

(1)桥架安装要求

①桥架各种附件齐全。

②桥架的接口应平整,接缝处应紧密平直。槽盖装上后应平整、无翘角,出线口的位置正确。

③在吊顶内敷设时,如果吊顶无法上人时应留有检修孔。

④不允许将穿过墙壁的桥架与墙上的孔洞一起抹死。

⑤桥架的所有非导电部分的铁件均应相互连接和跨接,使之成为一连续导体,并做好整体接地。

⑥当桥架的底板对地距离低于 2.4 m 时,桥架本身和线槽盖板均必须加装保护地线,如图3-2-24 所示。2.4 m 以上的线槽盖板可不加保护地线。

⑦桥架经过建筑物的变形缝时,线槽本身应断开,槽内用连接板搭接,不许固定。保护地线和槽内线缆均应留有补偿余量。

(2)桥架敷设

①桥架直线段连接采用连接板,用垫圈、弹簧垫圈、螺母紧固,接茬处应缝隙严密平齐,如图 3-2-25 所示。

图 3-2-24　保护地线

图 3-2-25　桥架直线段连接

②桥架进行交叉、转弯、丁字连接时,采用单通、二通、三通、四通或平面二通、平面三通等进行变通连接,线缆接头处应设置接线盒或将线缆接头放在电气器具内,如图 3-2-26 所示。

图 3-2-26　桥架三通连接

③桥架与管、盒、箱、柜等接茬处,进线和出线口均应用抱脚连接,如图 3-2-27 所示,并用螺丝紧固,末端应加装封堵。

图 3-2-27　桥架与线管的连接

④建筑物的表面如有坡度时,桥架应随其变化坡度,如图3-2-28所示。待桥架全部敷设完毕后,应在配线之前进行调整检查。确认合格后再进行槽内配线。

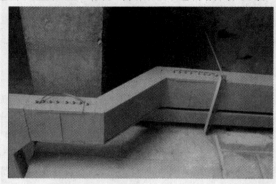

图3-2-28　桥架坡度变化

⑤桥架的引出导管应按设计选取,桥架与导管必须使用丝扣连接,并作跨接接地线,接地线规格按QB-CNCEC J060103—2004《成套配电柜、控制柜(屏、台)和动力、照明配电箱(盘)安装工艺标准》中的附表3选取。

(3)桥架连接

万能吊具一般应用在钢结构中,如工字钢、角钢、轻钢龙骨等结构,可预先将吊具、卡具、吊杆、吊装器组成一整体,在标出的固定点位置处进行吊装,逐件将吊装卡具压接在钢结构上,将顶丝拧紧。

①桥架直线段组装时,应先做干线,再做分支线,将吊装器与线槽用蝶形卡具固定在一起,按此方法,将线槽逐段组装成型。

②线槽与线槽可采用内连接头或外连接头,配上平垫和弹簧垫圈,用螺母固定。

③线槽交叉、丁字、十字应采用二通、三通、四通进行连接,线缆接头处应设置接线盒或放置在电气器具内,线槽内决不允许有线缆接头。

④转弯部位应采用立上弯头和立下弯头,安装角度要适宜。

⑤出线口处应利用出线口盒进行连接。末端部位要装上封堵,在盒、箱、柜处应采用抱脚连接。

(4)地面桥架安装

地面桥架安装时,应及时配合土建地面施工。根据地面的形式不同,先抄平,然后测定固定点的位置,将上好卧脚螺栓和压板的桥架水平放置在垫层上,然后进行桥架连接,如图3-2-29所示。如桥架与管连接、桥架与分线盒连接、分线盒与管连接、桥架出线口连接、桥架末端处理等,都应安装到位,螺丝紧固牢靠,地面桥架及附件全部上好后,再进行一次系统调整,主要根据地面厚度,仔细调整桥架干线、分支线、分线盒接头、转角、弯角、出口等处,箱、盒水平高度与地面平齐。如需精装的房间,还应考虑精装后的地面高度,将各种盒盖盖好或堵严实,以防止水泥砂浆进入,直至配合土建地面施工结束为止。

注意:安装金属桥架时应注意保持墙面的清洁。使用高凳时,注意不要碰坏建筑物的墙面和门窗等。

本工程办公室走廊段使用槽式桥架,采用吊架安装方式,如图3-2-30所示为本工程安装好的桥架。

图 3-2-29　地面桥架的固定

图 3-2-30　本工程安装好的桥架

**5. 桥架安装注意事项**

（1）主控项目

①金属电缆桥架、线槽及其支架全长应不少于两处与接地或接零干线相连接。

②非镀锌电缆桥架、线槽间连接板的两端跨接铜芯接地线，接地线最小允许截面积不小于 4 mm² 多股铜芯软线缆。

③镀锌电缆桥架、线槽间连接板的两端不跨接接地线，但连接板两端不少于两个有防松螺帽或防松垫圈的连接固定螺栓。

④电缆敷设严禁有绞拧、铠装压扁、护层断裂和表面严重划伤等缺陷。

（2）一般项目

①直线段钢制电缆桥架长度超过 30 m、铝合金或玻璃钢制电缆桥架长度超过 15 m 设有伸缩节；电缆桥架跨越建筑物变形缝处设补偿装置。

②当设计无要求时，电缆桥架水平安装的支架间距为 1.5～3 m；垂直安装的支架间距不大于 2 m。

③桥架、线槽与支架间螺栓、桥架、线槽连接板螺栓固定紧固无遗漏,螺母位于桥架、线槽外侧。当铝合金与钢支架固定时,有相互间绝缘的防电化腐蚀措施。

④电缆桥架敷设在易燃易爆气体管道和热力管道的下方,当设计无要求时,与管道的最小净距符合表 3-2-11 中的规定。

表 3-2-11　桥架与其他管道距离要求

| 管道类别 | | 平行净距/m | 交叉净距/m |
|---|---|---|---|
| 一般工艺管道 | | 0.4 | 0.3 |
| 易燃易爆气体管道 | | 0.5 | 0.5 |
| 热力管道 | 有保温 | 0.5 | 0.3 |
| | 无保温 | 1.0 | 0.5 |

⑤敷设在竖井内和穿越不同防火区的桥架,按设计要求位置,有防火隔堵措施。

⑥支架与预埋件焊接固定时,焊缝饱满。膨胀螺栓固定时,选用螺栓适配,连接紧固,防松零件齐全。

⑦桥架内电缆敷设应符合下列规定:

a. 大于 45°倾斜敷设的电缆每隔 2 m 处设固定点。

b. 电缆出入电缆沟、竖井、建筑物、柜(盘)、台处以及管子管口处等作密封处理。

⑧电缆敷设排列整齐,水平敷设的电缆首尾两端、转弯两侧及每隔 5～10 m 设固定点。敷设于垂直桥架内的电缆固定点间距:全塑型不大于 1 m,除全塑型以外的电缆不大于 1.5 m。

⑨电缆的首端、末端和分支处应设标志牌。

⑩线槽内敷线应符合下列规定:

a. 电线在线槽内有一定余量,不得有接头。电线按回路编号分段绑扎,绑扎点间距不应大于 2 m。

合格:电线在槽内有余量,无接头。编号使用的材料一致并分段绑扎,绑扎点间距一致。

优良:在合格基础上编号清楚美观。

b. 同一回路的相线和零线,敷设于同一金属线槽内。

c. 同一电源的不同回路无抗干扰要求的线路可敷设于同一线槽内;敷设于同一线槽内有抗干扰要求的线路用隔板隔离或采用屏蔽电线且屏蔽护套一端接地。

⑪允许偏差项目:桥架、线槽水平或垂直敷设直线部分的平直程度和垂直度允许偏差不超过 5 mm。

合格:经实测合格率达到 80%。

优良:经实测合格率达到 90%。

(三)线缆的敷设

本工程办公室内采用的是线管布线,穿过墙之后,进入走廊采用桥架布线,办公室共引出两条网线(超五类 UTP 双绞线,一条数据线,一条语音线)。

1. 线管穿线

如图 3-2-6 所示操作方法先学会穿线器的使用。然后按以下步骤将两条网线穿过线管,从办公室穿到走廊上的桥架内,如图 3-2-31 所示。

（1）穿带线

带线用 $\phi$1.2 ~ $\phi$2.0 mm 的铁丝,头部弯成不封口的圆圈,以防止在管内遇到管接头时被卡住,将带线穿入管路内,在管路的两端留有 20 cm 的余量。

如在管路较长或转弯时,可在结构施工敷设管路的同时将带线一并穿好并留有 20 cm 的余量后,将两端的带线盘入盒内或缠绕在管头上固定好,防止被其他人员随便拉出。

当穿带线受阻时,采用两端同时穿带线的办法,将两根带线的头部弯成半圆的形状,使两根带线同时搅动,使两端头相互钩编绞在一起,然后将带线拉出。

（2）扫管

将布条的两端牢固地绑扎在带线上,两人来回拉动带线,将管内的浮锈、灰尘、泥水等杂物清除干净。

（3）带护口

按管口大小选择护口,在管子清扫后,将护口套入管口上。在钢管（电线管）穿线前,检查各个管口的护口是否齐全,如有遗漏或破损均应补齐和更换。

（4）放线

放线前应根据设计要求对线缆的品种、规格、质量进行核对。对整盘线缆放线时,将线缆置于放线架或放线车上,放线避免出现死扣和背花。

（5）线缆与带线的绑扎

当线缆根数为 2 ~ 3 根时,可将线缆前端的绝缘层剥去,然后将线芯直接与带线绑回头压实绑扎牢固,使绑扎处形成一个平滑的锥体过渡部位。

当线缆根数较多时,可将线缆前端的绝缘层削去,然后将线芯斜错排列在带线上,用绑线缠绕绑扎牢固,使绑扎接头处形成一个平滑的锥体过渡部位,便于穿线。

本工程只用到两根线缆。

（6）穿线

当管路较大或转弯较多时,要在穿线的同时向管内吹入适当的滑石粉。两人穿线时,一拉一送,配合协调。穿线时应注意下列问题:

①强电线缆和弱电线缆不要穿入同一根管子内。

②线缆在管内不得有接头和扭结,其接头应在接续线盒内连接。

③管内线缆包括绝缘层在内的总截面积不应大于管子内空截面积的40%。

④线缆在变形缝处,补偿装置应活动自如,线缆应留有一定的余度。

图 3-2-31　线管穿线

2. 桥架内配线

（1）桥架内配线要求

①桥架内配线前应清除槽内的积水或污物。

②在同一槽内的线缆截面积总和应该不超过内部截面的 40%。

（2）桥架内配线方法

①清扫桥架：清扫可用抹布擦净槽内的污物和积水，使槽内外清洁；暗敷设于地面内的线槽，可先将带线穿通至出线口，然后将布条绑在带线一端，从另一端将布条拉出，反复多次即可。

②配线：配线前应检查管与线槽连接处的护口是否齐全；线缆和保护地线的选择是否符合设计图纸要求；管进入盒内时内外根母是否锁紧，确认无误后再配线。如图 3-2-32 所示。

网线沿着桥架从办公室拉进楼层弱电间，按照 GB 50311—2007《综合布线系统工程设计规范》要求，管理间子系统内配线架端的网线要预留 3~6 m，工作区子系统内网络模块端的网线要预留 0.3~0.5 m。按国标要求，分别在办公室和弱电间预留足够长，然后将网线剪断。两端分别打结放置，防止网线松动滑落。

图 3-2-32　桥架配线

（四）编号和标记

完整的标记应包含以下的信息：建筑物名称、位置、区号、起始点和功能。综合布线系统一般常用 3 种标记：电缆标记、场标记和插入标记，其中插入标记用途最广。

1. 电缆标记

电缆标记主要用来标明电缆来源和去处，在电缆连接设备前电缆的起始端和终端都应作好电缆标记。电缆标记由背面为不干胶的白色材料制成，可以直接贴在各种电缆表面，其规格尺寸和形状根据需要而定。工作区、管理间、水平布线子系统通常用电缆标记方法，标记的编号规则如图 3-2-33 所示。

例如，某条网线起始端和终端贴有 FD1-1-10-2Z-23 标签，表示该条网线从 2 楼弱电间中的第一个机柜上的第一个配线架上的第 10 个网络端口，连接到 203 房间内的第 2 个信息插座上的左边端口。

2. 场标记

场标记又称为区域标记，一般用于设备间、配线间和二级交接间的管理器件之上，以区别管理器件连接线缆的区域范围。它也是由背面为不干胶的材料制成，可贴在设备醒目的平整表面上。

3. 插入标记

插入标记一般用于管理器件上，如 110 配线架、BIX 安装架等。插入标记是硬纸片，可以

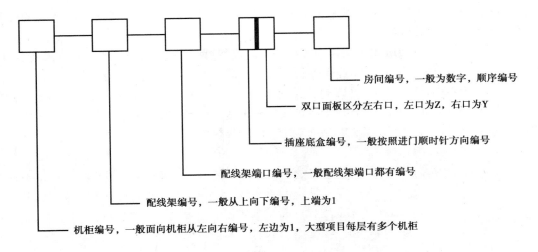

房间编号，一般为数字，顺序编号

双口面板区分左右口，左口为Z，右口为Y

插座底盒编号，一般按照进门顺时针方向编号

配线架端口编号，一般配线架端口都有编号

配线架编号，一般从上向下编号，上端为1

机柜编号，一般面向机柜从左向右编号，左边为1，大型项目每层有多个机柜

图 3-2-33　信息点编号规则

插在 1.27 cm×20.32 cm 的透明塑料夹里,这些塑料夹可安装在两个 110 接线块或两根 BIX 条之间。每个插入标记都用色标来指明所连接电缆的源发地,这些电缆端接于设备间和配线间的管理场。对于插入标记的色标,综合布线系统有较为统一的规定,见表 3-2-12。

表 3-2-12　插入标记的色标

| 颜色 | 设备间 | 二级交换间 | 配线间 |
|------|--------|------------|--------|
| 白色 | 干线电缆和建筑群间连接电缆 | 来自设备间干线电缆的点到点端接 | 来自设备间干线电缆端点 |
| 黄色 | 交换机的用户引出线或辅助装置的连接线路 | | |
| 蓝色 | 设备间至工作区或用户端线路 | 从交换间连接工作区的线路 | 到配线间 I/O 服务的工作区线路 |
| 绿色 | 网络接口的进线制,即电话局线路,或网络接口的设备侧,即中继/辅助场的总机中继线 | | |
| 灰色 | 端接与连接干线计算机房其他设备间电缆 | 来自配线间的连接电缆端接 | 到二级交换间的连接电缆 |
| 橙色 | 来自配线间多路复用器的线路 | 来自二级交换间各区的连接电缆 | 来自配线间多路复用器的输出线路 |
| 红色 | 关键电话系统 | | |
| 紫色 | 来自系统共用设备(如程控交换机或网络设备)连接线路 | 来自系统共用设备(如程控交换机网络设备)的连接线路 | 来自系统共用设备(如程控交换机网络设备)的连接线路 |

（五）理线

根据国标 GB 50311—2007 要求,垂直桥架内的线缆每隔 1.5 m 应绑扎一次(防止线缆因重量产生拉力造成线缆变形），对水平桥架内的线缆并没有要求。因此，传统布线系统的美观主要集中在机房内的线缆部分。

现在，梯架式桥架、网格式桥架使用频率越来越高，这两种桥架内的线缆能够直观看到，因此，现代布线系统中也要对桥架内线缆进行理线，不仅美观漂亮，也有利于后期维护。

当桥架内线缆不是很多时，可以用扎带每隔一定的距离绑扎固定，如图 3-2-34 所示。当桥架内线缆太多时，可以在桥架上安装理线架进行理线，如图 3-2-35 所示。

图 3-2-34　扎带理线

图 3-2-35　理线架理线

（六）网络模块的制作

此工程中，共有两条网线从楼层设备弱电间进到办公室，一条用于数据信号（网络）的传输，一条用于语音信号（电话）的传输。从图 1-1-1 中的墙孔穿进来，用于数据传输的网线引到前边公用电脑桌下面的底盒内，用于语音数据传输的网线引到电话桌下面的底盒内。

1. 制作 RJ45 网络模块

办公室要做一个 RJ45 网络模块，制作方法详见项目一中的任务二。

2. 制作 RJ11 网络模块

如图 3-2-36 所示为 RJ11 网络模块，由图中可以看出，RJ11 网络模块只有 4 根金属针。对于 100 M 以下的网络，一条网线的 8 根线作用如下（T568B 标准）：

1　输出数据（+）；　　2　输出数据（-）；　　3　输入数据（+）；　　4　保留为电话使用；

5　保留为电话使用；　6　输入数据（-）；　　7　保留为电话使用；　8　保留为电话使用。

可以看出，网线中已经预留了电话信号线。因此，制作 RJ11 模块时，只要将网线的 8 根线按 T568B 标准接上即可，制作方法见 RJ45 网络模块。

图 3-2-36　RJ11 网络模块

（七）配线架的制作

本工程中，一间办公室引出两条网线，一条用来数据通信（网线），一条用来语音通信（电话）。两条线分别与配线架上的两个端口相连，假设数据线选择配线架上的 1 端口，语音线选择配线架上的 2 端口。制作步骤如下：

第一步：用压线钳剥去线缆的外护套，剥去外护套的长度一般为 3～4 cm，再剪除抗拉丝，打开线缆的每对双绞线并将每根线捋直。如图 3-2-37 所示。

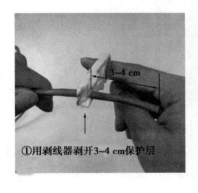

图 3-2-37　剥线

第二步：选择配线架上的 1 端口（数据线）对应的 8 个槽。根据配线架的具体类型和标准，将 4 对双绞线按正确的颜色一一分开，但各对线不要混合，再根据配线架上的标示颜色（按 B 类），将 8 根线一一置入线槽内。如图 3-2-38 所示。

第三步：用打线钳对准配线架线槽和线缆，垂直向下用力压下，会听到咯的声响，即将该线缆压入线槽中了，而长出的线缆被切断，注意打线钳的刀口不要放反，否则，会将有用的连线切断，重复这样的操作，将剩余的线缆分别压入各自的线槽中。如图 3-2-39 所示。

用同样的方法将语音线固定到配线架上 2 端口对应的 8 个槽上。

（八）线路的测试

首先准备两条跳线和一台网络电缆测试仪，如图 3-2-40 所示。然后用一条跳线把配线架上的 1 端口和网络电缆测试仪的主测试器连接在一起，用另一条跳线把网络模块和网络电缆测试仪的远程测试器连接起来，如图 3-2-41 所示。把网络电缆测试仪开关打到"ON"，主测试器显示：1-2-3-4-5-6-7-8，而远程测试器显示：1-2-3-4-5-6-7-8，这样说明接线正常，否则接线不正常。

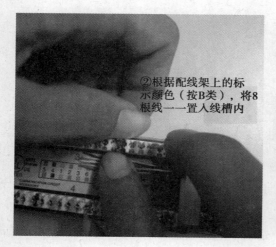

②根据配线架上的标示颜色（按B类），将8根线一一置入线槽内

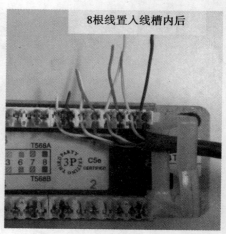

8根线置入线槽内后

图 3-2-38　放线

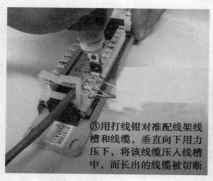

③用打线钳对准配线架线槽和线缆，垂直向下用力压下，将该线缆压入线槽中，而长出的线缆被切断

线缆被压入各自的线槽后

图 3-2-39　打线

用同样的方法测试语音线的通断,只是其中一条要换成 RJ11 水晶头的跳线(即电话线)。

①先准备两条跳线和一台网络电缆测试仪

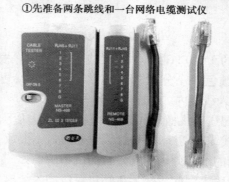

图 3-2-40　网络电缆测试仪

（九）与交换机的连接

分别制作两条跳线,保证完好连通。一条跳线将弱电间配线架上的 1 端口与弱电间网络交换机上的一个端口(假设 2 端口,1 口预留给外线)连接起来。另一条跳线将办公室内交换机上的 1 端口与上面制作的网络模块连接起来。

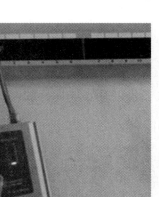

图 3-2-41  测试网络

**四、任务总结**

任务实施过程中,要时刻注意安全。采用分组教学形式,安排每个组员充当不同的角色。由组长进行任务分工,组员合作共同完成任务。教师要随时与学生在一起,及时进行指导,不能让学生单独进行操作。

任务结束后,学生要完成相应的实训报告书。

**思考与练习**

1.简述桥架的种类及特点。

2.简述线管敷设原则。

3.举例说明水平布线子系统线缆标记制作的规则。

## 任务三  理论探索:为什么一条网线可以同时传输多个计算机信号

**任务目标**

终极目标:能熟练讲解复用技术、多址技术的类型及工作原理。

促成目标:1.掌握复用技术的类型及用途。

2.掌握多址技术的类型及用途。

3.了解复用技术、多址技术的工作原理。

**工作任务**

1.参观中国移动或中国联通或中国电信 3 家运营商在当地的分公司,了解该运营商所用通信网络制式。

2. 记录该运营商所用通信网络设备。

 **相关知识**

## 一、复用技术

我们知道一条网线通过交换机可以连接多台计算机,且多台计算机可以同时上网,互不影响。那么,网线是怎样做到的呢?网线是不是也像公路一样,分为"4 车道、8 车道"供计算机上网呢?

在数据通信原理中,有一种技术叫"复用技术"。复用技术就是在发送端将多路信号进行组合(如广播电视前端使用的混合器),然后在一条专用的物理信道上实现传输,接收端再将复合信号分离出来,即多个信息源共享一个公共信道。复用技术的使用极大地提高了信道的传输效率,取得了广泛的应用。

复用技术按工作原理可分为:FDM(频分复用)、TDM(时分复用)、WDM(波分复用)、CDMA(码分复用)。

### 1. FDM(频分复用)

频分复用就是将用于传输信道的总带宽划分成若干个子频带(或称子信道),每一个子信道传输一路信号,如图 3-3-1 所示。为每个子信道定义一个载波信号,每个载波信号有自己固定的频率,频率不同,子信道就不同。与信道对应的输入信号使载波信号发生改变(调制),从而产生另一个信号(调制信号)。

频分复用要求总频率宽度大于各个子信道频率之和,同时为了保证各子信道中所传输的信号互不干扰,应在各子信道之间设立隔离带,这样就保证了各路信号互不干扰。

理论上,工作在不同频率上的载波将一直保持相互独立,但实际上,两个频率接近或频率成整倍数的载波相互会形成干涉。为避免这一问题,在各载波之间设定一个最起码的频率间隔。在各载波频率之间要求存在较大的间隔意味着所用的 FDM 硬件必须能容纳很宽的频率范围。结果,FDM 仅用于高带宽传输通信,例如固定电话通信、有线电视通信等。

图 3-3-1　频分复用

在电视传输系统中,不管是模拟电视信号还是数字电视信号都是采用 FDM 方式,因为对于数字电视信号而言,尽管在每一个频道(8 MHz)以内是时分复用传输的,但各个频道之间仍然是以频分复用的方式传输。表 3-3-1 为有线电视信道频率分配情况。

表 3-3-1　有线电视信道频率分配

| 频　段 | VHF | | | UHF | | 备　注 |
|---|---|---|---|---|---|---|
| | Ⅰ | Ⅲ | 增补 | Ⅳ | Ⅴ | |
| 频率范围/MHz | 48.5~92 | 167~223 | 110~167<br>223~463 | 470~566 | 606~958 | Ⅱ 频段为 87~108 MHz 传送 FM 声音信号 |
| 包含频道 | 1~5 | 6~12 | Z1~Z37 | 13~24 | 25~68 | |

**2. TDM(时分复用)**

时分复用就是将提供给整个信道传输信息的时间划分成若干时间片(简称时隙),并将这些时隙分配给每一个信号源使用,每一路信号在自己的时隙内独占信道进行数据传输,如图 3-3-2 所示。

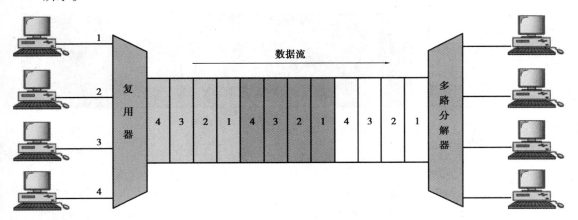

图 3-3-2　时分复用

计算机网络通信是一种典型的应用 TDM 方式进行通信的模式,目前,常见的家庭计算机上网方式有以下几种:

(1)ADSL——非对称数字用户环路

ADSL 是运行在原有普通电话线上的一种新的高速、宽带技术,就是我们通常说的利用固定电话线进行上网,如图 3-3-3 所示,属于中国电信的业务。所谓非对称主要体现在上行速率(最大为 1.5 Mb/s)和下行速率(1.5~9 Mb/s)的非对称性上。

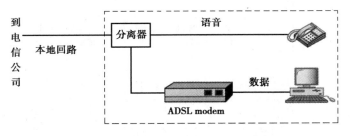

图 3-3-3　ADSL 上网

如上所讲,电话是利用 FDM(频分复用)技术进行通信,因此,ADSL 上网形式应该是综合利用 FDM,TDM 技术进行通信的。因此,ADSL 上网需要安装一只"猫"(调制解调器),将电话信号和计算机信号进行互相转换。理论上,ADSL 可在 5 km 的范围内,在一对铜缆双绞线上提供最高 1 Mb/s 的上行速率和最高 8 Mb/s 的下行速率(也就是我们通常说的带宽),能同时提供话音和数据业务。

ADSL 技术采用 FDM 技术把普通的电话线分成了电话、计算机上行和计算机下行 3 个相对独立的信道,其中的计算机上下行通信又用到 TDM 技术。传统的电话线系统使用的是铜线的低频部分(4 kHz 以下频段)。而 ADSL 技术将原来电话线路 4 kHz 到 1.1 MHz 频段划分成 256 个频宽为 4.312 5 kHz 的子频带。其中,4 kHz 以下频段仍用于传送 POTS(传统电话业务),20 kHz 到 138 kHz 的频段用来传送上行信号(计算机上传资料),138 kHz 到 1.1 MHz 的频段用来传送下行信号(计算机下载资料),从而避免了相互之间的干扰,用户可以边打电话边上网,不用担心上网速率和通话质量下降的情况,如图 3-3-4 所示。

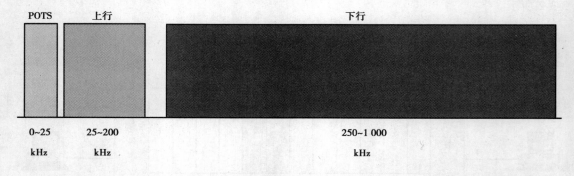

图 3-3-4　ADSL 频带分布

(2)CM——电缆调制解调

电缆调制解调(Cable Modem,CM),Cable 是指有线电视网络,Modem 是调制解调器。电缆调制解调利用有线电视网络来进行上网,属于中国广电公司的业务,它是串接在用户家的有线电视电缆插座和上网设备之间的,而通过有线电视网络与之相连的另一端是在有线电视台,如图 3-3-5 所示。

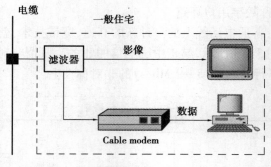

图 3-3-5　CM 上网

跟电话上网相同,有线电视上网也是一种综合利用 FDM,TDM 的技术,也需要安装一只"猫"(调制解调器)进行信号的转换。如图 3-3-6 所示是 CM 通信系统的频带分布,上行理论速率为 12 Mb/s,下行理论速率为 30 Mb/s,可以看出,有线电视上网最大网速要比电话上网快,理论上,CM从网上下载信息的速度比现有的电话Modem快1 000倍,通过电话线下载需要20 min完成的工作,使用电缆调制解调器只需要12 s。

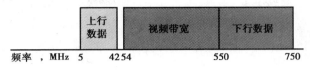

图3-3-6　CM频带分布

### 3. WDM(波分复用)

在光通信领域,人们习惯按波长而不是按频率来命名。因此,所谓的波分复用(WDM)其本质上也是频分复用而已。所谓WDM就是将整个波长频带被划分为若干个波长范围,每个用户占用一个波长范围来进行传输,如图3-3-7所示。

由于WDM系统技术的经济性与有效性,使之成为当前光纤通信网络扩容的主要手段。WDM是在一根光纤上承载多个波长(信道)系统,将一根光纤转换为多条"虚拟"纤,当然每条虚拟纤独立工作在不同波长上,这样极大地提高了光纤的传输容量。

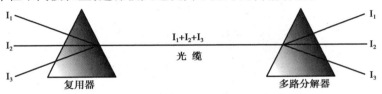

图3-3-7　波分复用

随着光纤的广泛使用,现代家庭上网已经逐渐被以下两种上网方式所替代。

### (1)HFC——混合光纤同轴电缆网

HFC(Hybrid Fiber-Coaxial)通常由光纤干线、同轴电缆支线和用户配线网络3部分组成,从有线电视台出来的节目信号先变成光信号在干线上传输,到用户区域后把光信号转换成电信号,经分配器分配后通过同轴电缆送到用户,如图3-3-8所示。

它与CM网络的不同之处主要在于,在干线上用光纤传输光信号,在前端需完成电—光转换,进入用户区后要完成光—电转换。

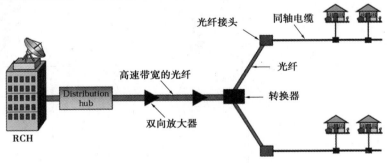

图3-3-8　HFC上网

### (2)FTTH——光纤入户

FTTH(Fiber To The Home)光纤入户是指将光网络单元(ONU)安装在住家用户或企业用户处,如图3-3-9所示。FTTH的显著技术特点是不但提供更大的带宽,而且增强了网络对数据格式、速率、波长和协议的透明性,放宽了对环境条件和供电等要求,简化了维护和安装。目前,国家正在大力推广"光进铜退"项目,光纤入户将成为未来上网的主流形式。

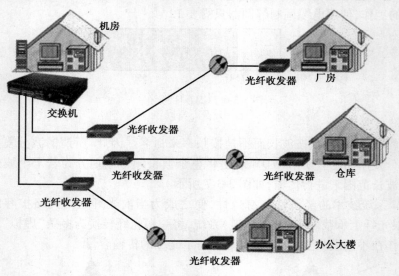

图 3-3-9　FTTH 上网

## 二、多址技术

以上讲的通信方式均是使用有线信道,生活中我们每天都在使用的手机这种无线通信设备是怎么实现多部同时通话的呢? 每到春节时,大家通过短信拜年的时候,为什么会出现"堵车"现象呢?

在无线通信中,有一种叫"多址"的技术。多址技术是指多个地球站(用户终端)的射频信号在射频信道上的复用,以实现各个地球站(用户终端)之间的通信,如图 3-3-10 所示。多址技术的目的是多个用户共享信道、动态分配网络资源。

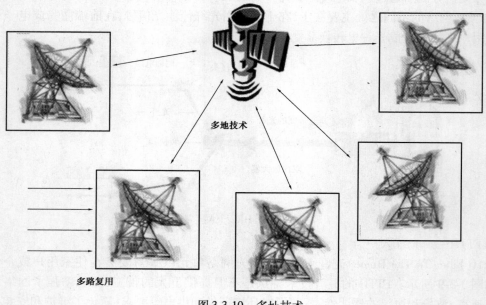

图 3-3-10　多址技术

常见的多址技术有频分多址(FDMA)、时分多址(TDMA)、码分多址(CDMA)、空分多址(SDMA)4 种。

1. FDMA(频分多址)

当多个地球站共用卫星转发器时,如果根据配置的载波频率的不同来区分地球站的地址,这种多址连接方式就为频分多址,如图 3-3-11 所示。在 FDMA 系统中,分配给用户一个信道,即一对频谱,一个频谱用作前向信道即基站向移动台方向的信道,另一个则用作反向信道即移动台向基站方向的信道。这种通信系统的基站必须同时发射和接收多个不同频率的信号,任意两个移动用户之间进行通信都必须经过基站的中转,因而必须同时占用两个信道(两对频谱)才能实现双工通信。

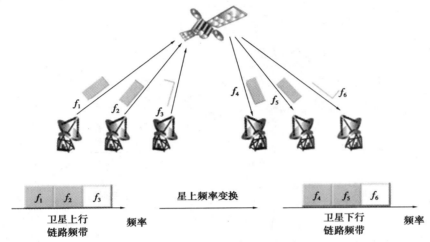

图 3-3-11 频分多址

我们生活中所使用的车载电话系统,如图 3-3-12 所示,就是利用 FDMA 技术进行无线通信的。现代社会,车载电话的主要应用人群为国家机关及政府部门领导、企事业高级领导、商务人士、需要在户外作业的人员、在偏远的郊区或山区工作的人员及特殊群体,如医疗救护、消防、公安武警、地质勘探、采矿、油田、机场、航天发射场的工作人员,或是户外运动爱好者,等等。

图 3-3-12 车载电话

车载电话一般具有:接打电话、收发短信、来电显示、上网、数字拨号、通讯录、通话管理、设置时间和日期等功能。车载电话具有信号强、辐射低、通话品质好等优点。

2. TDMA(时分多址)

用不同时隙来区分地球站的地址,只允许各地球站在规定的时隙内发射信号,这些射频信号通过卫星转发器时,在时间上是严格依次排列,互不重叠的,如图 3-3-13 所示。在 TDMA 系统中,卫星将在一个 TDMA 帧内的不同时隙接收并转发来自各地球站(它们都采用相同的载波)的突发脉冲串。也就是说,每一地球站只在 TDMA 帧的一个时隙内接收和发送突发脉冲。TDMA 的帧长一般都取 125 μs 的整数倍。

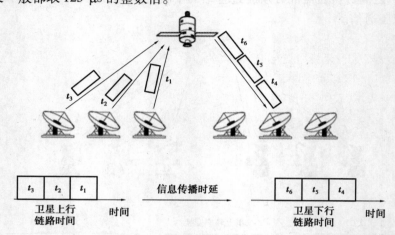

图 3-3-13　时分多址

TDMA 技术应用最为广泛,北美数字式先进移动电话系统(D-AMPS)、全球移动通信系统(GSM)、日本个人数字蜂窝系统(PDC)等均是使用 TDMA 技术进行通信的。

(1)GSM(全球移动通信系统)

对于中国手机用户来说,GSM(Global System for Mobile)是最熟悉的一种通信制式。2001年 12 月 31 日我国关闭了第一代 GSM 移动网络(模拟通信技术,大哥大的年代)。在 2G 时代,中国移动、中国联通各拥有一个 GSM 网,为世界最大的移动通信网络。

(2)GPRS(通用分组无线服务技术)

GPRS(General Packet Radio Service)是 GSM 移动电话用户可用的一种移动数据业务,GPRS 可说是 GSM 的延续。GPRS 就是大家通常所说的用"流量上网",只要大家打开手机上的"移动数据",就是使用 GPRS 上网。GPRS 经常被描述成"2.5G",也就是说这项技术位于第二代(2G)和第三代(3G)移动通信技术之间。

为什么在 GSM 时代,大家不用手机来上网呢? 因为 GPRS 与以往连续在频道传输的方式不同,是以封包(Packet)式来传输。相对于 GSM 的 9.6 kb/s 的访问速度而言,GPRS 拥有171.2 kb/s的访问速度;在连接建立时间方面,GSM 需要 10～30 s,而 GPRS 只需要极短的时间就可以访问到相关请求;而对于费用而言,GSM 是按连接时间计费的,而 GPRS 只需要按数据流量计费;GPRS 对于网络资源的利用率远远高于 GSM。因此,GPRS 和智能手机出现后,大家就习惯了用手机上网,移动互联网得到了飞速发展。

许多读者可能经常把 GPRS 与 GPS 搞混。GPS(Global Positioning System)是全球定位系统

的简称,是美国研制的卫星定位系统。在 1994 年,布设了 24 颗卫星,全球覆盖率高达 98%。目前,国际上还有其他 3 种卫星定位系统,俄罗斯格洛纳斯(GLONASS)卫星定位系统、欧洲伽利略(Galileo)卫星定位系统,以及中国的北斗卫星定位系统。

### 3. CDMA(码分多址)

各地球站使用相同的频率,任意时间发射。利用正交(或准正交)的伪随机码作为地址信息,对已调信号进行扩频调制,使频谱大大展宽,是一种崭新而成熟的无线通信技术。

手机 3G 通信多是采用 CDMA 技术,3G 是指将无线通信与国际互联网等多媒体通信结合的新一代移动通信系统,3G 存在 3 种标准:CDMA2000,WCDMA,TD-SCDMA。

### 4. SDMA(空分多址)

如果通信卫星采用多波束天线(智能天线),各波束指向不同区域的地球站,那么同一信道可以被所有波束同时使用,这就是空分多址(SDMA),是智能天线技术的集中体现。

SDMA 在 3G 通信系统 TD-SCDMA 中被引入,TD-SCDMA 采用了 4 种多址技术:TDMA,CDMA,FDMA 和 SDMA(智能天线),是由中国提出的第三代移动通信标准,以我国知识产权为主,被国际上广泛接受和认可的无线通信国际标准,是我国电信史上重要的里程碑。

TD-SCDMA 使用智能天线技术,从而引入了 SDMA 的优点,可以减少用户间干扰,从而提高频谱利用率。TD-SCDMA 还具有 TDMA 的优点,可以灵活设置上行和下行时隙的比例而调整上行和下行的数据速率的比例,特别适合因特网业务中上行数据少而下行数据多的场合。同时,TD-SCDMA 又用了 CDMA 同步技术,大大简化了系统的复杂性。

4G(第四代移动通信标准)是集 3G 与 WLAN 于一体,并能够快速传输高质量的音频、视频和图像等数据。4G 能够以 100 Mb/s 以上的速度下载,比目前的家用宽带 ADSL(4 兆)快 25 倍,并能够满足几乎所有用户对于无线服务的要求。

目前通过 ITU(国际电信联盟)审批的 4G 标准有两个:一个是由中国研发的 TD-LTE,由 TD-SCDMA 演进而来的;一个是由欧美主导研发 FDD-LTE,它是由 WCDMA 演进而来的。表 3-3-2 为中国三大运营商所使用的通信网络制式。

表 3-3-2　运营商的网络制式

| 4G 网络制式 | 移动 4G(TDD-LTE) | 联通 4G(FDD-LTE) | 电信 4G(FDD-LTE) |
|---|---|---|---|
| 3G 网络制式 | 移动 3G(TD-SCDMA) | 联通 3G(WCDMA) | 电信 3G(CDMA2000) |
| 2G 网络制式 | 移动 2G/联通 2G(GSM) | 电信 2G(CDMA) | |

**任务实施**

### 一、任务提出

①参观中国移动或中国联通或中国电信 3 家运营商在当地的分公司,了解该运营商所用的通信网络制式。

②记录该运营商所用的通信网络设备。

## 二、任务目标

①能够独自讲解复用技术、多址技术的类型及工作原理。
②熟悉复用技术、多址技术的用途。

## 三、实施步骤

①由任课教师与校企合作企业进行沟通,选择一家运营商的分公司用于参观,并确定参观时间。
②教师要提前对参观对象进行深入了解,提前给学生进行讲解,使学生对参观对象有初步了解。
③学生参观时,要遵守企业的规章制度,认真听取企业专业技术人员的讲解。
④学生要做好记录,重点了解移动通信系统的组成及信号传输工作原理。
⑤撰写参观实训报告。

## 四、任务总结

任务实施过程中,要时刻注意安全。最好采用分组形式,以便每个学生都能听到讲解,能看到参观的通信系统的各组成设备。教师要随时与学生在一起,不能让学生单独进行操作。

任务结束后,学生要完成相应的实训报告书。

  **思考与练习**

1. 为什么一条网线可以传输多个计算机信号?
2. 简述复用技术的类型及用途。
3. 简述多址技术的类型及用途。

# 项目四
# 办公楼中心机房通信设备的安装与维护

本工程办公楼设有中心机房,该办公楼中心机房在综合布线系统中又被称为设备间子系统,是综合布线中非常重要的子系统之一,安装有机柜、配线架、交换机、放大器、光电转换等设备,如图4-0-1所示。

设备间子系统是一个集中化设备区,连接系统公共设备(校园总机房)及通过垂直干线子系统连接至各楼层管理间子系统。

设备间子系统是大楼中数据、语音垂直主干线缆终接的场所,也是建筑群的线缆进入建筑物终接的场所(建筑群的线缆进入建筑物时应有相应的过流、过压保护设施),更是各种数据语音主机设备及保护设施的安装场所。设备间子系统一般设在建筑物中部或在建筑物的一、二层,避免设在顶层或地下室,为以后的扩展留下余地,同时对门窗、天花板、电源、照明、接地等都有相应的要求。

设备间内的所有总配线设备应用色标区别各类用途的配线区,采用开放式星形拓扑结构,能支持电话、数据、图文、图像等多媒体业务需要。

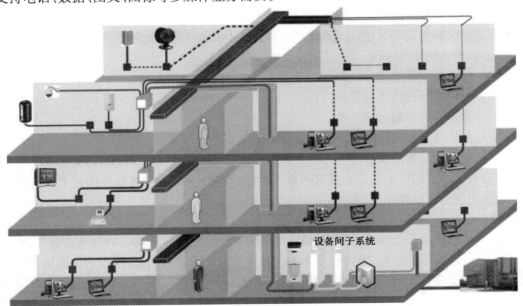

图4-0-1　设备间子系统

## 任务一　办公楼中心机房(设备间子系统)通信设备的认识

**任务目标**

终极目标:熟练讲解设备间子系统通信设备的工作原理及用途。
促成目标:1.了解设备间子系统通信设备的类型及适用场合。
　　　　　2.掌握设备间子系统通信设备的使用方法。

**工作任务**

1.参观一栋教学楼的中心机房。
2.列写该中心机房所有的通信设备。

**相关知识**

### 一、办公楼中心机房设置要求认知

1.确定位置

根据用户方要求及现场情况具体确定设备间位置的最终位置。只有确定了设备间位置后,才可以设计综合布线的其他子系统,因此用户需求分析时,确定设备间位置是一项重要的工作内容。

确定设备间的位置可以参考以下设计规范:

①应尽量建在综合布线干线子系统的中间位置;并尽可能靠近建筑物电缆引入区和网络接口,以方便干线线缆的进出。

②应尽量避免设在建筑物的高层或地下室以及用水设备的下层。

③应尽量远离强振动源和强噪声源。

④应尽量避开强电磁场的干扰。

⑤应尽量远离有害气体源以及易腐蚀、易燃、易爆物。

⑥应便于接地装置的安装。

一般而言,设备间应尽量建在建筑平面及其综合布线干线综合体的中间位置。在高层建筑内,设备间也可以设置在一、二层。

2.需求分析

设备间子系统是综合布线的精髓,设备间的需求分析围绕整个楼宇的信息点数量、设备的数量、规模、网络构成等进行,每幢建筑物内应至少设置1个设备间,如果电话交换机与计算机网络设备分别安装在不同的场地或根据安全需要,也可设置两个或两个以上设备间,以满足不同业务的设备安装需要。

在设备间位置确定前,索取和认真阅读建筑物设计图纸是必要的,通过阅读建筑物图纸掌握建筑物的土建结构、强电路径、弱电路径,特别是主要与外部配线连接接口位置,重点掌握设备间附近的电器管理、电源插座、暗埋管线等。

3. 面积要求

设备间的使用面积要考虑所有设备的安装面积,还要考虑预留工作人员管理操作设备的地方。设备间的使用面积可按照下述两种方法之一确定。

方法一:已知 $S_b$ 为综合布线有关的并安装在设备间内的设备所占面积;$S$ 为设备间的使用总面积,那么 $S = (5 \sim 7) \sum S_b$。

方法二:当设备尚未选型时,则设备间使用总面积:$S = KA$。其中,$A$ 为设备间的所有设备台(架)的总数;$K$ 为系数,取值$(4.5 \sim 5.5) \text{m}^2 / $台(架)

设备间最小使用面积不得小于 20 $\text{m}^2$。设备间的高度一般为 2.5 ~ 3.2 m。设备间门的大小至少为高 2.1 m,宽 1.5 m。

4. 环境要求

设备间内安装了计算机、计算机网络设备、电话程控交换机、建筑物自动化控制设备等硬件设备。这些设备的运行需要相应的温度、湿度、供电、防尘等要求。设备间内的环境设置可以参照国家计算机用房设计标准《GB 50174—2008 电子信息系统机房设计规范》、程控交换机的《CECS 09:89 工业企业程控用户交换机工程设计规范》等相关标准及规范。

(1)温湿度要求

综合布线有关设备的温湿度要求可分为 A,B,C 3 级,设备间的温湿度也可参照 3 个级别进行设计,3 个级别具体要求见表 4-1-1。

表 4-1-1　设备间温湿度要求

| 项　目 | A 级 | B 级 | C 级 |
|---|---|---|---|
| 温度/℃ | 夏季:22±4　冬季:18±4 | 12 ~ 30 | 8 ~ 35 |
| 相对湿度 | 40% ~ 65% | 35% ~ 70% | 20% ~ 80% |

设备间的温湿度控制可以通过安装降温或加温、加湿或除湿功能的空调设备来实现控制。选择空调设备时,南方地区主要考虑降温和除湿功能;北方地区要全面具有降温、升温、除湿、加湿功能。空调的功率主要根据设备间的大小及设备多少而定。

(2)尘埃要求

设备间内的电子设备对尘埃要求较高,尘埃过高会影响设备的正常工作,降低设备的工作寿命。设备间的尘埃指标一般可分为 A,B 两级,详见表 4-1-2。

表 4-1-2　设备间尘埃指标要求

| 项　目 | A 级 | B 级 |
|---|---|---|
| 粒度/μm | >0.5 | >0.5 |
| 个数/(粒·$\text{dm}^{-3}$) | <10 000 | <18 000 |

要降低设备间尘埃度关键要定期清扫灰尘,工作人员进入设备间应更换干净的鞋具。

（3）空气要求

设备间内应保持空气洁净，有良好的防尘措施，并防止有害气体侵入。允许有害气体限值见表4-1-3。

表4-1-3　有害气体限值

| 有害气体/（mg·m⁻³） | 二氧化硫（$SO_2$） | 硫化氢（$H_2S$） | 二氧化氮（$NO_2$） | 氨（$NH_3$） | 氯（$Cl_2$） |
|---|---|---|---|---|---|
| 平均限值 | 0.2 | 0.006 | 0.04 | 0.05 | 0.01 |
| 最大限值 | 1.5 | 0.03 | 0.15 | 0.15 | 0.3 |

（4）照明

为了方便工作人员在设备间内操作设备和维护相关综合布线器件，设备间内必须安装足够照明度的照明系统，并配置应急照明系统。设备间内距地面0.8 m处，照明度不应低于200 Lx。设备间配备的事故应急照明，在距地面0.8 m处，照明度不应低于5 Lx。

（5）噪声

为了保证工作人员的身体健康，设备间内的噪声应小于70 dB。如果长时间在70～80 dB噪声的环境下工作，不但影响人的身心健康和工作效率，还可能造成人为的噪声事故。

（6）电磁场干扰

根据综合布线系统的要求，设备间无线电干扰的频率应在0.15～1 000 MHz范围内，噪声不大于120 dB，磁场干扰场强不大于800 A/m。

（7）供电系统

设备间供电电源应满足以下要求：①频率：50 Hz；②电压：220 V/380 V；③相数：三相五线制或三相四线制/单相三线制。

根据设备间内设备的使用要求，设备要求的供电方式分为3类：①需要建立不间断供电系统；②需建立带备用的供电系统；③按一般用途供电考虑。

5. 结构防火

为了保证设备使用安全，设备间应安装相应的消防系统，配备防火防盗门。

安全级别为A类的设备间，其耐火等级必须符合GB 50045—2005《高层民用建筑设计防火规范》中规定的一级耐火等级。

安全级别为B类的设备间，其耐火等级必须符合GB 50045—2005《高层民用建筑设计防火规范》中规定的二级耐火等级。

安全级别为C类的设备间，其耐火等级要求应符合GBJ 16—2001《建筑防火设计规范》中规定的二级耐火等级。

与C类设备间相关的其余基本工作房间及辅助房间，其建筑物耐火等级不应低于GBJ 16中规定的三级耐火等级。与A，B类安全设备间相关的其余基本工作房间及辅助房间，其建筑物耐火等级不应低于GBJ 16中规定的二级耐火等级。

6. 火灾报警及灭火设施

安全级别为A，B类设备间内应设置火灾报警装置。在机房内、基本工作房间、活动地板下、吊顶上方及易燃物附近都应设置烟感和温感探测器。

A类设备间内设置二氧化碳（$CO_2$）自动灭火系统，并备有手提式二氧化碳（$CO_2$）灭火器。

B 类设备间内在条件许可的情况下,应设置二氧化碳自动灭火系统,并备有手提式二氧化碳灭火器。

C 类设备间内应备有手提式二氧化碳灭火器。

A,B,C 类设备间除纸介质等易燃物质外,禁止使用水、干粉或泡沫等易产生二次破坏的灭火器。

为了在发生火灾或意外事故时方便设备间工作人员迅速向外疏散,对于规模较大的建筑物,在设备间或机房应设置直通室外的安全出口。

### 二、办公楼中心机房主要通信设备认识

办公楼中心机房大部分通信设备与楼层弱电间(管理间子系统)通信设备相同,同样需要机柜(24U)、网络交换机、100 对 110 配线架、理线环、UPS 电源等,详见项目二中的任务一所讲。

除了以上几种设备外,办公楼中心机房还需要以下几种设备:

#### 1.程控交换机

程控交换机,全称为存储程序控制交换机,也称为程控数字交换机或数字程控交换机,如图 4-1-1 所示。通常专指用于电话交换网的交换设备,它以计算机程序控制电话的接续。程控交换机是利用现代计算机技术,完成控制、接续等工作的电话交换机。程控交换机的基本功能主要为:用户线接入、中继接续、计费、设备管理等。

本地交换机自动检测用户的摘机动作,给用户的电话机回送拨号音,接收话机产生的脉冲信号或双音多频信号,然后完成从主叫到被叫号码的接续(被叫号码可能在同一个交换机也可能在不同的交换机)。在接续完成后,交换机将保持连接,直到检测出通信的一方挂机。

现代程控交换机能够提供许多新的用户服务功能,如缩位拨号、来电显示、叫醒业务、呼叫转移、呼叫等待等业务,不再是单一的语音业务。

图 4-1-1　程控交换机

#### 2.光电转换器

本工程从校园总机房到办公楼中心机房(建筑群子系统)采用的是光纤通信,因此,办公楼中心机房需要安装一个光电转换器。

光电转换器是一种类似于数字调制解调器的设备,简单来说,光电转换器的作用就是光信

号和电信号之间的转换,从光口输入光信号,从电口(RJ45 水晶头接口)输出电信号,反之亦然,如图 4-1-2 所示。有百兆光纤收发器和千兆光纤收发器之分,是一种快速以太网,其数据传输速率达 1 Gbps。

图 4-1-2　光电转换器

### 3. 路由器

路由器是连接因特网中各局域网、广域网的设备,它会根据信道的情况自动选择和设定路由,以最佳路径,按前后顺序发送信号。路由器有电源接口(POWER,接口连接电源)、复位键(RESET,还原路由器的出厂设置)、广域网连接口(WAN,用一条跳线与交换机进行连接)、局域网连接口(LAN1-4,用跳线把计算机与路由器进行连接)等接口,如图 4-1-3 所示。需注意的是:WAN 口与 LAN 口一定不能接反。

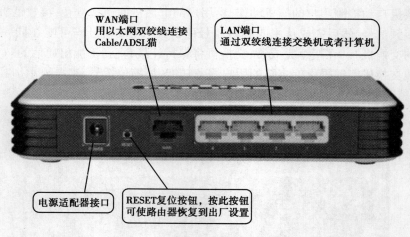

WAN端口
用以太网双绞线连接
Cable/ADSL猫

LAN端口
通过双绞线连接交换机或者计算机

电源适配器接口

RESET复位按钮,按此按钮
可使路由器恢复到出厂设置

图 4-1-3　路由器

**任务实施**

### 一、任务提出

①参观学校一栋教学楼中心机房。
②认真了解中心机房的每一个通信设备,并作记录。

## 二、任务目标

①能够独自讲解设备间子系统通信设备的工作原理。
②掌握设备间子系统通信设备的使用方法。

## 三、实施步骤

①由任课教师与学校后勤或 IT 部门进行沟通,选择合适的教学楼中心机房进行参观,并确定参观时间。

②教师要提前对参观对象进行深入了解,提前给学生进行讲解,使学生对参观对象有初步了解。

③学生参观时,要遵守各项规章制度,认真听取 IT 专业技术人员的讲解。

④学生要做好记录,重点了解该中心机房通信设备的工作原理。

⑤撰写参观实训报告。

## 四、任务总结

任务实施过程中,要时刻注意安全。采用分组形式,以便每位学生都能听到技术人员讲解,每位学生都能看到各通信设备。教师要随时与学生在一起,不能让学生单独进行操作。

任务结束后,学生要完成相应的实训报告书。

 **思考与练习**

1.简述设备间子系统所用的通信设备。

2.简述中继器与网络交换机的区别。

3.设备间子系统是否一定需要中继器? 为什么?

# 任务二　办公楼中心机房(设备间子系统)通信设备的安装与维护

 **任务目标**

终极目标:会按国家标准正确安装中心机的房通信网络设备。

促成目标:1.会正确使用通信网络设备的安装工具。

　　　　　2.掌握中心机房通信网络设备的安装方法。

　　　　　3.熟悉中心机房对环境的要求。

 **工作任务**

1.按图纸及国家标准安装中心机房通信网络设备。

2.正确安装防雷设备。

相关知识

## 一、主要安装工具的认识

设备间子系统通信设备需要用到电动螺丝批、冲击钻、扳手等工具,前面项目已对所用工具进行了详细讲解,此处不再赘述。

## 二、中心机房通信设备安装原则认知

### 1.机房内的线缆敷设方法

（1）活动地板方式

这种方式是缆线在活动地板下的空间敷设,如图 4-2-1 所示。由于地板下空间大,因此电缆容量和条数多,路由自由短捷,节省电缆费用,缆线敷设和拆除均简单方便,能适应线路增减变化,有较高的灵活性,便于维护管理。但造价较高,会减少房屋的净高,对地板表面材料也有一定要求,如耐冲击性、耐火性、抗静电、稳固性等。

图 4-2-1　活动地板

（2）地板或墙壁内沟槽方式

这种方式是缆线在建筑中预先建成的墙壁或地板内沟槽中敷设,沟槽的断面尺寸大小根据缆线终期容量来设计,上面设置盖板保护。这种方式造价较活动地板低,便于施工和维护,也有利于扩建,但沟槽设计和施工必须与建筑设计和施工同时进行,在配合协调上较为复杂。沟槽方式因是在建筑中预先制成,因此在使用中会受到限制,缆线路由不能自由选择和变动。

（3）预埋管路方式

这种方式是在建筑的墙壁或楼板内预埋管路,其管径和根数根据缆线需要来设计。穿放缆线比较容易,维护、检修和扩建均有利,造价低廉,技术要求不高,是一种最常用的方式。但预埋管路必须在建筑施工中进行,缆线路由受管路限制,不能变动,因此使用中会受到一些限制。

（4）机架走线架方式

这种方式是在设备（机架）上沿墙安装走线架（或槽道）的敷设方式，如图 4-2-2 所示。走线架和槽道的尺寸根据缆线需要设计，它不受建筑的设计和施工限制，可以在建成后安装，便于施工和维护，也有利于扩建。机架上安装走线架或槽道时，应结合设备的结构和布置来考虑，在层高较低的建筑中不宜使用。

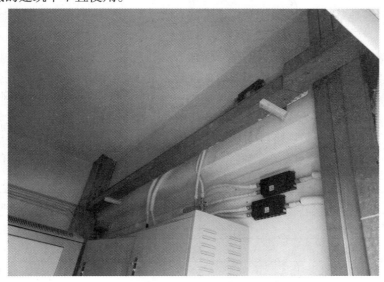

图 4-2-2　机架走线

## 2. 机房内机柜的安装要求标准

机房内机柜安装要求与楼层弱电间相似，具体要求见表 4-2-1。

表 4-2-1　机柜安装要求

| 项　目 | 标　准 |
|---|---|
| 安装位置 | 应符合设计要求，机柜应离墙 1 m，便于安装和施工。所有安装螺丝不得有松动，保护橡皮垫应安装牢固 |
| 底座 | 安装应牢固，应按设计图的防震要求进行施工 |
| 安放 | 安放应竖直，柜面水平，垂直偏差≤1‰，水平偏差≤3 mm，机柜之间缝隙≤1 mm |
| 表面 | 完整，无损伤，螺丝坚固，每平方米表面凹凸度应<1 mm |
| 接线 | 接线应符合设计要求，接线端子各种标志应齐全，保持良好 |
| 配线设备 | 接地体，保护接地，导线截面，颜色应符合设计要求 |
| 接地 | 应设接地端子，并良好连接接入楼宇接地端排 |
| 线缆预留 | 1. 对于固定安装的机柜，在机柜内不应有预留线长，预留线应预留在可以隐蔽的地方，长度在 1~1.5 m<br>2. 对于可移动的机柜，连入机柜的全部线缆在连入机柜的入口处，应至少预留 1 m，同时各种线缆的预留长度相互之间的差别应不超过 0.5 m |
| 布线 | 机柜内走线应全部固定，并要求横平竖直 |

3. 接地要求

设备间设备安装过程中必须考虑设备的接地。根据综合布线相关规范要求,接地要求如下:

①直流工作接地电阻一般要求不大于 4 Ω,交流工作接地电阻也不应大于 4 Ω,防雷保护接地电阻不应大于 10 Ω。

②建筑物内部应设有一套网状接地网络,保证所有设备共同的参考等电位。如果综合布线系统单独设置接地系统,且能保证与其他接地系统之间有足够的距离,则接地电阻值规定为小于等于 4 Ω。

③为了获得良好的接地,推荐采用联合接地方式。所谓联合接地方式就是将防雷接地、交流工作接地、直流工作接地等统一接到共用的接地装置上。当综合布线采用联合接地系统时,通常利用建筑钢筋作防雷接地引下线,而接地体一般利用建筑物基础内钢筋网作为自然接地体,使整幢建筑的接地系统组成一个笼式的均压整体。联合接地电阻要小于或等于 1 Ω。

④接地所使用的铜线电缆规格与接地的距离有直接关系,一般接地距离在 30 m 以内,接地导线采用直径为 4 mm 的带绝缘套的多股铜线缆。接地铜缆规格与接地距离的关系可以参见表4-2-2。

表 4-2-2　接地铜线电缆规格与接地距离的关系

| 接地距离/m | 接地导线直径/mm | 接地导线截面积/mm² |
|---|---|---|
| 小于 30 | 4.0 | 12 |
| 30 ~ 48 | 4.5 | 16 |
| 48 ~ 76 | 5.6 | 25 |
| 76 ~ 106 | 6.2 | 30 |
| 106 ~ 122 | 6.7 | 35 |
| 122 ~ 150 | 8.0 | 50 |
| 151 ~ 300 | 9.8 | 75 |

4. 防雷要求

依据 GB 50057—2010《建筑物防雷设计规范》第六章第 6.3.4 条、第 6.4.5 条、第 6.4.7 条及图 6.4.5-1 及 GA 371—2001 中的有关规定,对计算机网络中心设备间电源系统采用三级防雷设计。

第一、二级电源防雷:防止从室外窜入的雷电过电压、防止开关操作过电压、感应过电压、反射波效应过电压。一般在设备间总配电处,选用电源防雷器分别在 L-N,N-PE 间进行保护,可最大限度地确保被保护对象不因雷击而损坏,更大限度地保护设备安全。

第三级电源防雷:防止开关操作过电压、感应过电压。主要考虑到设备间的重要设备(服务器、交换机、路由器等)多,必须在其前端安装电源防雷器,如图 4-2-3 所示。

5. 防静电要求

为了防止静电带来的危害,更好地保护机房设备,更好地利用布线空间,应在中心机房内安装高架防静电地板。

设备间用防静电地板有钢结构和木结构两大类,其要求是既能提供防火、防水和防静电功能,又要轻、薄并具有较高的强度和适应性,且有微孔通风。防静电地板下面或防静电吊顶板上面的通风道应留有足够余地以作为机房敷设线槽、线缆的空间,这样既保证了大量线槽、线

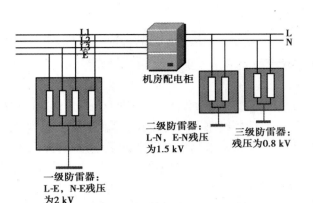

图 4-2-3　三级防雷结构

缆便于施工,同时也使机房整洁美观。设备间装修铺设抗静电地板安装时,同时安装静电泄漏系统。铺设静电泄漏地网,通过静电泄漏干线和机房安全保护地的接地端子封在一起,将静电泄漏掉。

**任务实施**

**一、任务提出**

根据要求,本工程需要在项目一中的办公室所在的办公楼设置一个中心机房(设备间),以安装机柜、配线架、网络交换机、程控交换机、光电转化器等通信网络设备,施工设计图纸已经制作完成,设备已经购买,请按图纸正确安装中心机房通信设备。

**二、任务目标**

①会正确使用中心机房通信网络设备的安装工具。
②掌握中心机房通信网络设备的安装方法。
③掌握中心机房各设备的接地方法。

**三、实施步骤**

1. 设备进场

在安装之前,必须对设备间的建筑和环境条件进行检查,具备下列条件方可开工:

①设备间的土建工程已全部竣工,室内墙壁已充分干燥。设备间门的高度和宽度应不妨碍设备的搬运,房门锁和钥匙齐全。

②设备间地面应平整光洁,预留暗管、地槽和孔洞的数量、位置、尺寸均应符合工艺设计要求。

③电源已经接入设备间,应满足施工需要。

④设备间的通风管道应清扫干净,空气调节设备应安装完毕,性能良好。

⑤在铺设活动地板的设备间内,应对活动地板进行专门检查,地板板块铺设严密坚固,符合安装要求,每平方米水平误差应不大于 2 mm,地板应接地良好,接地电阻和防静电措施应符

合要求。

2. 安装网络交换机

详见项目二中的任务二。

3. 安装程控交换机

首先测试线路(线路敷设项目五详细讲解)。程控交换机上,外线就是电信局端口过来的线路,接上普通话机就可以通话的线路称为外线;内线就是交换机到室内用户话机端的线路。然后连接线,线路测试正常并安装了水晶头接下来就是连接线路了,交换机有说明书,把电信局过来的线路连接到程控电话交换机的外线端口上,内线端口连接到室内电话机上。

线路连接好之后将程控交换机安装在机柜上,如图 4-2-4 所示。

图 4-2-4  安装在机柜上的程控交换机

4. 安装配线架(网络配线架、110 配线架)

详见项目二中的任务二。

5. 安装光电转换器

将光电转换器从包装盒中取出,将配件(轨道、螺钉等)放好,检查光电转换器是否完好。用螺钉将轨道固定在光电转换器上(按说明操作,非常简单),如图 4-2-5 所示。然后再将轨道固定到机柜上规划好的位置。光电转换器与一般的交换机一样,插上电就能使用,不需做什么配置。

图 4-2-5  轨道与光电转换器连接

注意:设备间机柜上的交换机、光电转换器等设备的安装周围空间不要太拥挤,以利于散热。如图 4-2-6 所示是某中心机房安装好通信设备的机柜。

图 4-2-6　安装好设备的机柜

**四、任务总结**

任务实施过程中,要时刻注意安全。采用分组教学形式,安排每个组员充当不同的角色。由组长进行任务分工,组员合作共同完成任务。教师要随时与学生在一起,及时进行指导,不能让学生单独进行操作。

任务结束后,学生要完成相应的实训报告书。

**思考与练习**

1.简述中心机房对环境的要求。

2.简述中心机房防雷设计要求。

3.讨论:是否所有的大楼都需要中心机房? 若没有,应该怎样规划大楼通信线路。

# 任务三　理论探索:上网流量是如何计算出来的

**任务目标**

终极目标:能熟练讲解上网流量计费的工作原理。

促成目标:1.了解信息量计算的原理。

　　　　　2.了解信息传输率的定义。

　　　　　3.了解流量统计的过程。

**工作任务**

1.参观中国移动或中国联通或中国电信3家运营商在当地的分公司,了解上网流量统计的过程。

2.打印自己手机的流量详单,了解各项指标含义。

相关知识

随着智能手机的普遍应用,移动互联网得到井喷式的发展,现在大家都习惯了用手机来上网。但是另一个绕不开的话题就是手机"流量"问题,出现了诸如"偷跑流量""没有流量使用提醒""流量清零"等问题,如图 4-3-1 所示。

图 4-3-1　手机流量问题

手机流量是指手机上网产生的流量数据,用手机打开软件或进行互联网操作时,会和服务器之间交换数据,包括下载和上传,手机流量就是指这交换数据的大小。现在用户流量使用频率远超过语音通话和短信,数据流量已成为运营商重要的盈利点所在。为了吸引更多的用户,运营商以前都是送话费,现在都改成送流量了,如图 4-3-2 所示。那么,流量大小怎么衡量呢?运营商流量收费的依据是什么呢?

手机流量是采取 1024 进制的,单位有 B,kB,MB(M),GB(G)。1 M = 1 024 kB;1 kB = 1 024 B;1 G = 1 024 MB。一张图片一般几 kB 到几 MB,一部电影从几百 MB 到几个 GB,用手机上的网页一般来说是几十 kB/每页,也就是几万 B。

那么,B(字节)是如何定义的呢?

图 4-3-2　流量

## 一、流量的度量

有一句网络流行语"……信息量很大"。那么,信息的大小用什么衡量呢?

语音、文字、图像等称为消息。消息中所包含的对接受者有意义的内容称为信息。通信就是信息的传输与交换。我们所说的流量,就是信息的传输过程;流量大小,说明你获得信息的多少。传输信息是通信系统的根本任务,在传输过程中,信息是以各种具体的电信号或光信号形式表现出来的。

信息是一个抽象的概念,它能否被量化? 如何量化呢? 让我们看看下面的例子:比如,"明天太阳从东边出来"绝对没有"明天太阳从西边出来"对信息的受者更有吸引力;同样,当你听说"有人被狗咬了"并不会感到惊奇,但若有人告诉你"一条狗被人咬了"你一定非常吃惊。这说明信息有量值可言,为了对通信系统的性能与质量进行定量的分析,就需要对信息(流量)进行度量。

定义能够衡量信息多少的物理量称为信息量,通常用 $I$ 表示。

信息量大小跟事件发生的概率有关,事件出现的概率越小,人们就越感兴趣,信息量就越大。必然事件的概率为 1,则它传递的信息量就为 0。

信息量与事件概率之间的关系式为: $I = \log_a \dfrac{1}{P(x)} = -\log_a P(x)$

$P$ 表示某事件发生的概率,$I$ 为从该事件发生的信息中得到的信息量。

如果消息由若干个互相独立的事件构成,则该消息所含信息量等于各独立事件所含信息量之和: $I[P(x_1)P(x_2)\cdots] = I[P(x_1)+P(x_2)] + \cdots$

信息量单位的确定取决于上式中的对数底 $a$。如果取对数的底 $a=2$,则信息量的单位为比特(bit),是通信系统中通用的信息单位。

在计算机中,所有的数据在存储和运算时都要使用二进制数表示(因为计算机用高电平和低电平分别表示 1 和 0),例如,像 a,b,c,d 这样的 52 个字母(包括大写),以及 0,1 等数字还有一些常用的符号(例如 *,#,@ 等)在计算机中存储时也要使用二进制数来表示,而具体用哪些二进制数字表示哪个符号,当然每个人都可以约定自己的一套(这就叫编码)。而大家如果要想互相通信而不造成混乱,那么大家就必须使用相同的编码规则,于是美国有关的标准化组织就出台了 ASCII 编码,统一规定了上述常用符号用哪些二进制数来表示。ASCII 码规定 8 位二进制数组合来表示 256 种可能的字符。

字节(Byte)是计算机信息技术用于计量存储容量的一种计量单位,也表示一些计算机编程语言中的数据类型和语言字符。数据存储是以"字节(Byte)"为单位,数据传输是以"位"(bit,又名"比特")为单位,一个位就代表一个 0 或 1(即二进制),每 8 个位(bit)组成一个字节(B),即 1 B=8 bit,位是最小一级的信息单位。一个英文字母(不分大小写)占一个字节的空间,一个中文汉字占两个字节的空间,如图 4-3-3 所示解释了各数据单位之间的换算。

我们买移动硬盘的时候,查看硬盘容量的时候发现并没有它所标示的那么大,为什么生产厂商会"缺斤短两"呢? 其实,都没错,因为硬盘厂商与用户对于 1 MB 大小的理解不同,生产商是以 GiB(十进制,即 10 的 3 次方=1 000,如 1 MiB=1 000 kB)计算的,而计算机操作系统是以 GB(二进制,即 2 的 10 次方,如 1 MB=1 024 kB)计算的。一般人都理解成了 1 MiB=1 M=1 024 kB,因此好多 160 G 的硬盘实际容量按计算机实际的 1 MB=1 024 kB 算都不到160 G,

这只是理解上的问题。

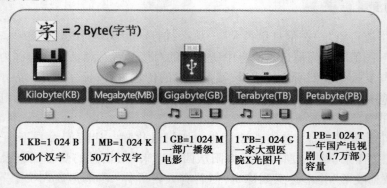

1 EB=1 024 PB；5EB相当于至今全世界人类所讲过的话语
1 ZB=1 024 EB；全世界海滩上的沙子数量总和

图 4-3-3　数据单位之间的换算

**二、网速的度量**

　　除了关心流量大小，上网速度也是手机用户提得最多的一个概念。打开网页够不够快、看电影会不会卡都是我们经常遇到的问题。那么，网速又是怎么被度量的呢？网速大小跟什么有关呢？

　　单位时间传输的信息量称为信息传输速率，定义信息传输速率来衡量信息传输的快慢。

　　信息传输速率的单位除了基本的比特/秒（常记作 b/s）外，还有 kb/s，Mb/s，Gb/s 等，如图 4-3-4所示，它们之间的关系为：1 kb/s＝1 024 b/s，1 Mb/s＝1 024 kb/s，1 Gb/s＝1 024 Mb/s。通常把 300 b/s 以下的比特率称为低速，300～2 400b/s 的称为中速，2 400 b/s 以上的称为高速。

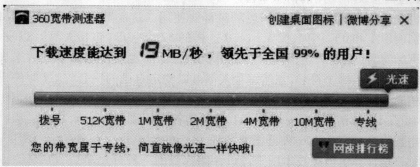

图 4-3-4　信息传输速率

　　平时我们上网的网速单位与信息传输速率单位相同。那么，网速快慢都跟什么有关呢？一般来说网速的快慢与网络的内部环境（如网卡、网线、局域网环境、连接方式、单机和局域网防火墙、操作系统、上网方式如 GPRS 上网肯定不如一般的宽带快、连接软件等）和网络的外部环境（如 ISP 提供的带宽、DNS 服务器、ISP 间的互联互通、网站的服务器质量、防火墙等）都有关。就相当于一辆汽车，要想跑得快，车要好、车况要好（相当于是网络内部环境），还要有好路的支持（相当于是网络外部环境）。

### 三、流量计费原理

我们知道了流量的度量,那么,运营商的流量计费到底是如何进行的呢? 许多人怀疑运营商计费是否准确。

其实运营商流量计费大致有3大环节,每个环节的可靠性最终决定了流量计费的准确性。

第一个环节:流量话单的产生。

用户通过手机等移动终端发起上网需求,随后运营商通过基站、交换机、骨干网络等为用户提供服务,同时记录下用户的上网行为,并形成流量话单。

那么,流量话单的准确性谁来保障? 该环节工作的通信设备,主要来自华为、爱立信、中兴等设备厂商,这些厂商产品在投入市场之前,必须通过工信部的官方入网检测。因此通过主管部门和通信设备制造商两方面负责为此环节的可靠性保证。

有人说运营商是否是像自来水公司那样粗计费? 其实,那是对电信计费系统的不了解。中国运营商计费准确性已经到达极高标准,误差率低于十万分之一。

第二个环节:流量计费。

第一环节完成后,流量话单产生,由运营商的 IT 系统对应进行统计计算,直到生成最终用户账单中看到的那些数字。该流程几乎没有误差,准确性极高。而且,运营商还会定期对自身流量计费进行稽查,如某用户流量突然暴增等,IT 部门都会核实这些流量产生的准确性。另外,工信部也会对上述两个环节进行稽查,保证流量计费的准确。

而关于流量产生的成本,不可以简单以衡量商品成本的思路来计算。我们不如把上网和流量这回事当作为了成本控制而进行的销售策略,而究其本质,依然是服务。"流量"只是运营商提供服务的一种,称为 PS 域(分组交换 Packet Switch)数据业务,其成本是无法单独分离出来衡量的,因为运营商所有服务基本都是基于它们的网络实现的,而服务并不根据网络实体划分。比如同样一个天线,同样一套无线的设备,既要承载 CS 域(电路交换 Circuit Switch)话音业务,也要承载 PS 域的上网业务。

第三个环节:用户上网流量轨迹记录。

运营商在流量计费时,同时还进行了用户上网流量轨迹的记录,该记录彻底保证了通信用户流量消费的有据可查、有据可依。例如,在哪个地方上网、连接的是哪个基站、上了某个网站、跑了多少流量,全部清晰记录,可以说,"每兆流量都有明白账"。

像过去电话费有疑问可以查"电话详单",如今的用户也可以查询到"流量详单",如图4-3-5所示。在充分保护和尊重消费者隐私的情况下,运营商可向流量争议用户出示"流量详单"。

以上 3 个环节,从计费安全性、准确性和售后服务上彻底为流量计费问题加上了"三保险"。如果消费者认为自己多跑了流量,可以向运营商要求核查。如果我们要为运营商流量计费的准确性加上一个数量级定义,那么可以说误差率是百万分之一级别。

打电话也好,手机上网也罢,其实这个过程就好比买菜,交换机是秤,计费系统是计算器。而这个秤——交换机在全球目前也就几家知名厂商提供,作为使用者的运营商是没有技术能力更改交换机数据的,这是厂商的核心知识产权,而厂商更改也对自身利益也无益。如此看来,运营商想"偷"貌似也没那么容易。

当前查询项目：GPRS详单

当前查询时间：2013-03-01 至 2013-03-23

费用合计：42.03元 收费流量合计：4.10 M 详单总数：8 条 上网总时长：183.23分钟

| 状态类型 | 开始时间 | 接入点 | 使用点 | 时长（秒） | 基本收费流量（K） | 基本费用（元） | 套餐费（元） | 所属套餐 | 其它收费流量（K） | 其它费用（元） | 总费用（元） |
|---|---|---|---|---|---|---|---|---|---|---|---|
| 本地 | 2013-03-23 00:58:56 | 手机 2G cmwap | 南京 | 7122 | 3930 | 39.30 | 0.00 | 无 | 0 | 0.00 | 39.30 |
| 本地 | 2013-03-22 23:58:56 | 手机 2G cmwap | 南京 | 3600 | 47 | 0.47 | 0.00 | 无 | 0 | 0.00 | 0.47 |
| 本地 | 2013-03-21 21:56:59 | 手机 2G cmwap | 南京 | 68 | 45 | 0.45 | 0.00 | 无 | 0 | 0.00 | 0.45 |
| 本地 | 2013-03-20 05:11:21 | 手机 2G cmwap | 南京 | 43 | 33 | 0.33 | 0.00 | 无 | 0 | 0.00 | 0.33 |
| 本地 | 2013-03-19 05:09:59 | 手机 2G cmwap | 南京 | 38 | 45 | 0.45 | 0.00 | 无 | 0 | 0.00 | 0.45 |
| 本地 | 2013-03-18 05:08:30 | 手机 2G cmwap | 南京 | 39 | 39 | 0.39 | 0.00 | 无 | 0 | 0.00 | 0.39 |
| 本地 | 2013-03-17 05:06:59 | 手机 2G cmwap | 南京 | 44 | 46 | 0.46 | 0.00 | 无 | 0 | 0.00 | 0.46 |
| 本地 | 2013-03-16 05:05:34 | 手机 2G cmwap | 南京 | 40 | 18 | 0.18 | 0.00 | 无 | 0 | 0.00 | 0.18 |

图 4-3-5　流量详单

### 四、流量统计方法

综上分析可知，流量的计算是一个非常复杂的过程。下面我们通过一个手机上网的例子，简单来讲解一下其计算过程。

1. 登录网络，建立 TCP（传输控制协议）链路

PPP 握手（询问握手认证协议）阶段要来回 12 ~ 16 个 PPP 握手包，每个包为 30 字节，共 $30×16=480$ 字节。

TCP 连接阶段：$40×3=120$ 字节

注册：$60+40=100$ 字节

总共统计一下，共需约 700 字节，统计的流量就是 $700×8=5\ 600$ bit。

注：按理说这第一阶段产生的流量是不能计费的，但运营商照算不误。

2. TCP 链路建立，数据传输

PPP 封装+IP 封装+TCP 封装+数据

例如发送一个心跳符号（ASCII 码中对应 FE），它产生的流量如下：

TCP+IP 包头 40 个字节，数据部分 1 个字节，PPP 头 7E 21（ASCII 码），PPP 尾校验和 2位+1 个 7E（ASCII 码），总共是 $40+1+5=46$ 个字节，统计流量就是 $46×8=368$ bit。

心跳回应产生的流量同上。

3. 垃圾数据

除正常传输的数据外，网络上经常会有一些其他主机发来的数据，例如目的端口是 445（445 端口属于一种 TCP 端口，有了它我们可以在局域网中轻松访问各种共享文件夹或共享打印机，但也正是因为有了它，黑客们才有了可乘之机，他们能通过该端口偷偷共享你的硬盘，甚至会在悄无声息中将你的硬盘格式化掉）这样的 UDP（User Datagram Protocol 用户数据报协议）包，这些数据包不是数据中心发送的，是一些垃圾数据。

**任务实施**

**一、任务提出**

①参观中国移动或中国联通或中国电信3家运营商在当地的分公司,了解上网流量统计过程。

②前往自己手机对应的运营商营业厅,打印自己手机的流量详单。

**二、任务目标**

①能够独自讲解上网流量的计费原理。

②懂流量详单中每项指标含义。

**三、实施步骤**

①由任课教师与校企合作企业进行沟通,选择一家运营商的分公司用于参观,并确定参观时间。

②教师要提前对参观对象进行深入了解,提前给学生进行讲解,使学生对参观对象有初步了解。

③学生参观时,要遵守企业的规章制度,认真听取企业专业技术人员的讲解。

④学生要做好记录,重点了解流量统计的过程。

⑤撰写参观实训报告。

⑥利用课余时间前往营业厅,打印自己手机上网的流量详单。

**四、任务总结**

任务实施过程中,要时刻注意安全。最好采用分组形式,以便每个学生都能听到讲解,能看到参观的通信系统的各组成设备。教师要随时与学生在一起,不能让学生单独进行操作。

任务结束后,学生要完成相应的实训报告书。

**思考与练习**

1.简述上网流量计费原理。

2.已知二元离散信源只有"0""1"两种符号,若"0"出现概率为1/3,求出现"1"所含的信息量。

3.抄写自己电话上网的流量详单。

# 项目五
# 楼层弱电间到办公楼中心机房通信线路
# 的安装与维护

楼层弱电间到办公楼中心机房通信线路在综合布线系统中称为垂直子系统,是整个大楼的信息交通枢纽,如图 5-0-1 所示,是将不同楼层的弱电间(管理间子系统)中的设备连接起来,然后再统一与办公楼中心机房(设备间子系统)中的设备连接,如图 5-0-2 所示。垂直子系统一般使用非屏蔽双绞线或大对数电缆。

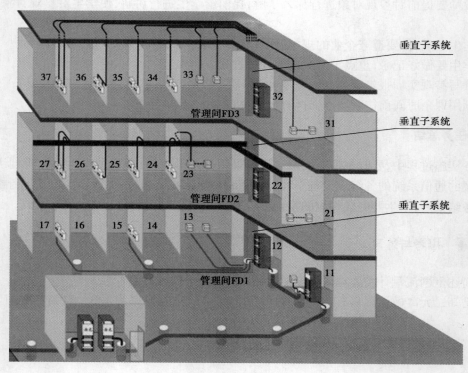

图 5-0-1　垂直子系统

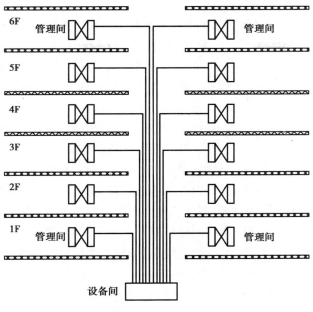

图 5-0-2　垂直子系统布线

# 任务一　楼层弱电间到办公楼中心机房(垂直子系统)布线设备的认识

**任务目标**

终极目标:熟练讲解垂直子系统通信线路布线的原则及所需的设备。

促成目标:1.了解垂直子系统布线的设计原则。

　　　　　2.掌握垂直子系统布线所需设备的结构类型。

**工作任务**

1.参观教学楼垂直子系统的布线情况。

2.列写垂直子系统布线所需的设备。

**相关知识**

## 一、垂直子系统设计原则认知

垂直子系统的线缆直接连接着几十或几百个用户,因此一旦干线电缆发生故障,则影响巨大。为此,必须十分重视干线子系统的设计工作。

根据 GB 50311—2007《综合布线系统工程设计规范》要求,应按下列设计要点进行垂直子

121

系统的设计工作。

①垂直子系统线缆主要有铜缆和光缆两种类型,具体选择要根据布线环境的限制和用户对综合布线系统设计等级的考虑。计算机网络系统的主干线缆可以选用4对双绞线电缆或25对大对数电缆或光缆,电话语音系统的主干电缆可以选用3类大对数双绞线电缆,有线电视系统的主干电缆一般采用75 Ω同轴电缆。主干电缆的线对要根据水平布线线缆对数以及应用系统类型来确定。

②垂直子系统所需要的电缆总对数和光纤总芯数,应满足工程的实际需求,并留有适当的备份容量。主干缆线宜设置电缆与光缆,并互相作为备份路由。

③垂直子系统主干缆线应选择最短、最安全和最经济的路由。路由的选择要根据建筑物的结构以及建筑物内预留的电缆孔、电缆井等通道位置而决定。建筑物内有两大类型的通道:封闭型和开放型。宜选择带门的封闭型通道敷设干线线缆。开放型通道是指从建筑物的地下室到楼顶的一个开放空间,中间没有任何楼板隔开。封闭型通道是指一连串上下对齐的空间,每层楼都有一间,电缆竖井、电缆孔、管道电缆、电缆桥架等穿过这些房间的地板层。主干电缆宜采用点对点终接,也可采用分支递减终接。

④主干电缆和光缆所需的容量要求及配置应符合以下规定:

A. 对于语音业务,大对数主干电缆的对数应按每一个电话8位模块通用插座配置一对线,并在总需求线对的基础上至少预留约10%的备用线对。

B. 对于数据业务,应以集线器(HUB)或交换机(SW)群(按4个HUB或SW组成1群);或以每个HUB或SW设备设置1个主干端口配置。每1群网络设备或每4个网络设备宜考虑1个备份端口。主干端口为电端口时,应按4对线容量;为光端口时则按2芯光纤容量配置。

C. 当工作区至电信间的水平光缆延伸至设备间的光配线设备(BD/CD)时,主干光缆的容量应包括所延伸的水平光缆光纤的容量在内。

D. 建筑物与建筑群配线设备处各类设备缆线和跳线的配备宜符合如下规定:

a. 设备缆线和各类跳线宜按计算机网络设备的使用端口容量和电话交换机的实装容量、业务的实际需求或信息点总数的比例进行配置,比例范围为25%～50%。

b. 各配线设备跳线可按以下原则选择与配置:

● 电话跳线宜按每根1对或2对对绞电缆容量配置,跳线两端连接插头采用鸭嘴插头或RJ45型。

● 数据跳线宜按每根4对对绞电缆配置,跳线两端连接插头采用鸭嘴插头或RJ45型。

● 光纤跳线宜按每根1芯或2芯光纤配置,光跳线连接器件采用ST,SC或SFF型(光纤插头)。

⑤为便于综合布线的路由管理,干线电缆、干线光缆布线的交接不应多于两次。从楼层配线架到建筑群配线架之间只应通过一个配线架,即建筑物配线架(在设备间内)。当综合布线只用一级干线布线进行配线时,放置干线配线架的二级交接间可以并入楼层配线间。

⑥干线电缆可采用点对点端接,也可采用分支递减端接以及电缆直接连接。点对点端接是最简单、最直接的接合方法。干线子系统每根干线电缆直接延伸到指定的楼层配线管理间或二级交接间,如图5-0-2所示。分支递减端接是用一根足以支持若干个楼层配线管理间或

若干个二级交接间的通信容量的大容量干线电缆,经过电缆接头交接箱分出若干根小电缆,再分别延伸到每个二级交接间或每个楼层配线管理间,最后端接到目的地的连接硬件上。

⑦在易燃的区域和大楼竖井内布放电缆或光缆,应采用阻燃的电缆和光缆;在大型公共场所宜采用阻燃、低烟、低毒的电缆或光缆;相邻的设备间或交接间应采用阻燃型配线设备。

### 二、楼层弱电间到办公楼中心机房通信设备的认识

#### 1. 大对数电缆

大对数即多对数的意思,系指很多一对一对的电缆组成一小捆,再由很多小捆组成一大捆

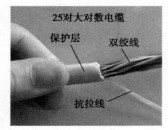

图 5-1-1　大对数电缆

(更大对数的电缆则再由一大捆一大捆组成一根大电缆)。大对数类别:按对绞线类型(屏蔽型 4 对 8 芯线缆)电缆可分成三类、五类、超五类、六类等;按屏蔽层类型可分成 UTP 电缆(非屏蔽)、FTP 电缆(金属箔屏蔽)、SFTP 电缆(双总屏蔽层)、STP 电缆(线对屏蔽和总屏蔽);按规格(对数)分有 25,50,100 对等电缆规格。本工程使用 25 对大对数电缆,如图 5-1-1 所示。

大对数电缆产品主要用于垂直子系统。缆线类别的选择,应根据工程对综合布线系统传输频率和传输距离的要求,选择线缆的类别(三类、超五类、六类铜芯对绞电缆或光缆)。传输距离与对数的多少没有关系。线径为 0.4 mm 的电话电缆每千米损耗为 1.64 dB,环阻为 296 Ω,如果允许用户线路的最大衰减为 7.0 dB,则线径为 0.4 mm 的电话电缆在衰减 7.0 dB 时,长度可达 4.26 km;而开通 ADSL 业务的用户线路环阻应当小于 900 Ω,则最大传输距离不大于 3 km。

由于大对数电缆线芯特别多,且颜色固定在某几种色,因此没有掌握技巧是不容易区分出所有线缆对应的线序的。下面介绍一下如何区分线序:大对数电缆色谱组成分序共有 10 种颜色,有 5 种主色和 5 种次色,5 种主色:白色、红色、黑色、黄色、紫色;5 种次色:蓝色、橙色、绿色、棕色、灰色。5 种主色和 5 种次色又组成 25 种色谱,见表 5-1-1,通常大对数通信电缆都是按 25 对色为 1 小把标志组成。如何对这 25 种色谱排序区分呢?

①线对区分法:每对线由主色和次色组成。如主色的白色分别与次色中各色组成 1—5 号线对。依此类推可组成 25 对,这 25 对为一基本单位。

②扎带区分法:基本单位间用不同颜色的扎带扎起来以区分顺序。扎带颜色也由基本色组成,顺序与线对排列顺序相同。如白蓝扎带为第一组,线序号 1—25;白橘扎带为第二组线序号 26—50,以此类推。

表 5-1-1　大对数电缆线序

| 10 对通信电缆的标准线序 | | | | | | | | | |
|---|---|---|---|---|---|---|---|---|---|
| 线序 | 颜色 | 线序 | 颜色 | 线序 | 颜色 | 线序 | 颜色 | 线序 | 颜色 |
| 1 | 白蓝 | 2 | 白橙 | 3 | 白绿 | 4 | 白棕 | 5 | 白灰 |
| 6 | 红蓝 | 7 | 红橙 | 8 | 红绿 | 9 | 红棕 | 10 | 红灰 |

续表

| 25 对通信电缆的标准线序 | | | | | | | | | |
|---|---|---|---|---|---|---|---|---|---|
| 线序 | 颜色 | 线序 | 颜色 | 线序 | 颜色 | 线序 | 颜色 | 线序 | 颜色 |
| 1 | 白蓝 | 2 | 白橙 | 3 | 白绿 | 4 | 白棕 | 5 | 白灰 |
| 6 | 红蓝 | 7 | 红橙 | 8 | 红绿 | 9 | 红棕 | 10 | 红灰 |
| 11 | 黑蓝 | 12 | 黑橙 | 13 | 黑绿 | 14 | 黑棕 | 15 | 黑灰 |
| 16 | 黄蓝 | 17 | 黄橙 | 18 | 黄绿 | 19 | 黄棕 | 20 | 黄灰 |
| 21 | 紫蓝 | 22 | 紫橙 | 23 | 紫绿 | 24 | 紫棕 | 25 | 紫灰 |
| 30 对通信电缆的标准线序 | | | | | | 第一组:"白蓝"标志线 | | | |
| 线序 | 颜色 | 线序 | 颜色 | 线序 | 颜色 | 线序 | 颜色 | 线序 | 颜色 |
| 1 | 白蓝 | 2 | 白橙 | 3 | 白绿 | 4 | 白棕 | 5 | 白灰 |
| 6 | 红蓝 | 7 | 红橙 | 8 | 红绿 | 9 | 红棕 | 10 | 红灰 |
| 11 | 黑蓝 | 12 | 黑橙 | 13 | 黑绿 | 14 | 黑棕 | 15 | 黑灰 |
| 16 | 黄蓝 | 17 | 黄橙 | 18 | 黄绿 | 19 | 黄棕 | 20 | 黄灰 |
| 21 | 紫蓝 | 22 | 紫橙 | 23 | 紫绿 | 24 | 紫棕 | 25 | 紫灰 |
| 30 对通信电缆的标准线序 | | | | | | 第二组:"白橙"标志线 | | | |
| 线序 | 颜色 | 线序 | 颜色 | 线序 | 颜色 | 线序 | 颜色 | 线序 | 颜色 |
| 26 | 白蓝 | 27 | 白橙 | 28 | 白绿 | 29 | 白棕 | 30 | 白灰 |
| 50 对通信电缆的标准线序 | | | | | | 第一组:"白蓝"标志线 | | | |
| 线序 | 颜色 | 线序 | 颜色 | 线序 | 颜色 | 线序 | 颜色 | 线序 | 颜色 |
| 1 | 白蓝 | 2 | 白橙 | 3 | 白绿 | 4 | 白棕 | 5 | 白灰 |
| 6 | 红蓝 | 7 | 红橙 | 8 | 红绿 | 9 | 红棕 | 10 | 红灰 |
| 11 | 黑蓝 | 12 | 黑橙 | 13 | 黑绿 | 14 | 黑棕 | 15 | 黑灰 |
| 16 | 黄蓝 | 17 | 黄橙 | 18 | 黄绿 | 19 | 黄棕 | 20 | 黄灰 |
| 21 | 紫蓝 | 22 | 紫橙 | 23 | 紫绿 | 24 | 紫棕 | 25 | 紫灰 |
| 50 对通信电缆的标准线序 | | | | | | 第二组:"白橙"标志线 | | | |
| 线序 | 颜色 | 线序 | 颜色 | 线序 | 颜色 | 线序 | 颜色 | 线序 | 颜色 |
| 26 | 白蓝 | 27 | 白橙 | 28 | 白绿 | 29 | 白棕 | 30 | 白灰 |
| 31 | 红蓝 | 32 | 红橙 | 33 | 红绿 | 34 | 红棕 | 35 | 红灰 |
| 36 | 黑蓝 | 37 | 黑橙 | 38 | 黑绿 | 39 | 黑棕 | 40 | 黑灰 |
| 41 | 黄蓝 | 42 | 黄橙 | 43 | 黄绿 | 44 | 黄棕 | 45 | 黄灰 |
| 46 | 紫蓝 | 47 | 紫橙 | 48 | 紫绿 | 49 | 紫棕 | 50 | 紫灰 |

| 100 对通信电缆的标准线序 | | | | | | 第一组:"白蓝"标志线 | | | |
|---|---|---|---|---|---|---|---|---|---|
| 线序 | 颜色 | 线序 | 颜色 | 线序 | 颜色 | 线序 | 颜色 | 线序 | 颜色 |
| 1 | 白蓝 | 2 | 白橙 | 3 | 白绿 | 4 | 白棕 | 5 | 白灰 |
| 6 | 红蓝 | 7 | 红橙 | 8 | 红绿 | 9 | 红棕 | 10 | 红灰 |
| 11 | 黑蓝 | 12 | 黑橙 | 13 | 黑绿 | 14 | 黑棕 | 15 | 黑灰 |
| 16 | 黄蓝 | 17 | 黄橙 | 18 | 黄绿 | 19 | 黄棕 | 20 | 黄灰 |
| 21 | 紫蓝 | 22 | 紫橙 | 23 | 紫绿 | 24 | 紫棕 | 25 | 紫灰 |
| 100 对通信电缆的标准线序 | | | | | | 第二组:"白橙"标志线 | | | |
| 线序 | 颜色 | 线序 | 颜色 | 线序 | 颜色 | 线序 | 颜色 | 线序 | 颜色 |
| 26 | 白蓝 | 27 | 白橙 | 28 | 白绿 | 29 | 白棕 | 30 | 白灰 |
| 31 | 红蓝 | 32 | 红橙 | 33 | 红绿 | 34 | 红棕 | 35 | 红灰 |
| 36 | 黑蓝 | 37 | 黑橙 | 38 | 黑绿 | 39 | 黑棕 | 40 | 黑灰 |
| 41 | 黄蓝 | 42 | 黄橙 | 43 | 黄绿 | 44 | 黄棕 | 45 | 黄灰 |
| 46 | 紫蓝 | 47 | 紫橙 | 48 | 紫绿 | 49 | 紫棕 | 50 | 紫灰 |
| 100 对通信电缆的标准线序 | | | | | | 第三组:"白绿"标志线 | | | |
| 线序 | 颜色 | 线序 | 颜色 | 线序 | 颜色 | 线序 | 颜色 | 线序 | 颜色 |
| 51 | 白蓝 | 52 | 白橙 | 53 | 白绿 | 54 | 白棕 | 55 | 白灰 |
| 56 | 红蓝 | 57 | 红橙 | 58 | 红绿 | 59 | 红棕 | 60 | 红灰 |
| 61 | 黑蓝 | 62 | 黑橙 | 63 | 黑绿 | 64 | 黑棕 | 65 | 黑灰 |
| 66 | 黄蓝 | 67 | 黄橙 | 68 | 黄绿 | 69 | 黄棕 | 70 | 黄灰 |
| 71 | 紫蓝 | 72 | 紫橙 | 73 | 紫绿 | 74 | 紫棕 | 75 | 紫灰 |
| 100 对通信电缆的标准线序 | | | | | | 第四组:"白棕"标志线 | | | |
| 线序 | 颜色 | 线序 | 颜色 | 线序 | 颜色 | 线序 | 颜色 | 线序 | 颜色 |
| 76 | 白蓝 | 77 | 白橙 | 78 | 白绿 | 79 | 白棕 | 80 | 白灰 |
| 81 | 红蓝 | 82 | 红橙 | 83 | 红绿 | 84 | 红棕 | 85 | 红灰 |
| 86 | 黑蓝 | 87 | 黑橙 | 88 | 黑绿 | 89 | 黑棕 | 90 | 黑灰 |
| 91 | 黄蓝 | 92 | 黄橙 | 93 | 黄绿 | 94 | 黄棕 | 95 | 黄灰 |
| 96 | 紫蓝 | 97 | 紫橙 | 98 | 紫绿 | 99 | 紫棕 | 100 | 紫灰 |

说明:大于 25 对就一定要看标志线了。30 对电缆有 25 对是用"白蓝"标志线缠着的,另有 5 对线用"白橙"标志线缠着;50 对电缆前 25 对是用"白蓝"标志线缠着的,后 25 对是用"白橙"标志线缠着的,如图 5-1-2(a)所示;100 对的电缆里有 4 种标志线,第一组的 25 对是用"白蓝"标志线缠着的,第二组的 25 对是用"白橙"标志线缠着的,第三组的 25 对是用"白绿"标志

线缠着的,第四组的 25 对是用"白棕"标志线缠着的,如图 5-1-2(b)所示。

(a) 50对电缆　　　　(b) 100对电缆

图 5-1-2　大对数电缆

### 2.4 对双绞线

详见项目一中任务一。

### 3. 桥架

详见项目三中任务一。

 **任务实施**

### 一、任务提出

①参观学校教学楼垂直子系统(楼层弱电间到教学楼中心机房)通信线路的布线情况。

②认真了解该垂直子系统布线所用的线管、桥架类型,并作记录。

### 二、任务目标

①能够独自讲解垂直子系统通信线路的连接原理。

②掌握垂直子系统通信线路的布线方法。

### 三、实施步骤

①由任课教师与学校后勤或 IT 部门进行沟通,选择合适的教学楼进行参观,并确定参观时间。

②教师要提前对参观对象进行深入了解,提前给学生进行讲解,使学生对参观对象有初步了解。

③学生参观时,要遵守各项规章制度,认真听取 IT 专业技术人员的讲解。

④学生要作好记录,重点了解该垂直子系统通信线路的连接原理。

⑤撰写参观实训报告。

### 四、任务总结

任务实施过程中,要时刻注意安全。采用分组形式,以便每位学生都能听到技术人员讲解,每位学生都能看到各通信设备。教师要随时与学生在一起,不能让学生单独进行操作。

任务结束后,学生要完成相应的实训报告书。

**思考与练习**

1. 简述垂直子系统所用的布线设备。
2. 简述大对数电缆的用途。
3. 剥开一段 25 对大对数电缆，写出各线芯颜色。

# 任务二　楼层弱电间到办公楼中心机房（垂直子系统）通信线路的安装与维护

**任务目标**

终极目标：会按国家标准正确安装楼层弱电间到办公楼中心机房的通信线路。
促成目标：1. 会正确使用垂直子系统安装工具。
　　　　　2. 掌握垂直子系统布线安装方法。
　　　　　3. 掌握理线方法。

**工作任务**

1. 按图纸及国家标准安装楼层弱电间到办公楼中心机房的通信线路。
2. 按要求理线，确保布线工艺美观。

**相关知识**

## 一、主要安装工具的认识

5 对打线钳是一种简便快捷的 110 型连接端子打线工具，是 110 配线（跳线）架卡接连接块的最佳手段。一次最多可以接 5 对连接块，操作简单，省时省力。适用于线缆、跳接块及跳线架的连接作业，如图 5-2-1 所示。

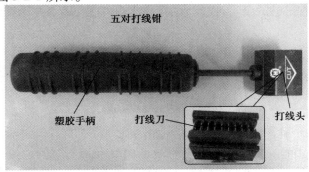

图 5-2-1　5 对打线钳

**二、楼层弱电间到办公楼中心机房通信线路布线原则认知**

**1. 布线管道的选择**

一般,垂直子系统布线管道有 3 种方法可供选择:电缆孔法、电缆井法、管道法。

①电缆孔法。垂直固定在墙上的一根或一排大口径圆管,大多是直径 10 cm 以上的钢管,垂直电缆在其中走线,常见于楼层弱电间上下对齐时的情形,如图 5-2-2 所示。

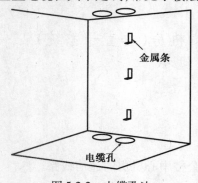

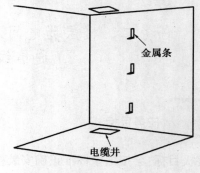

图 5-2-2　电缆孔法　　　　　　　　　　　　　图 5-2-3　电缆井法

②电缆井法。即弱电井,与强电井一样是高层建筑中必备的,是一个每层有小门的独立小房间,房内楼板上的方孔从低层到顶层对直,垂直电缆在其中走线,捆扎于钢绳上,并固定在墙上;也可以放置垂直桥架,线缆于桥架内走线,如图 5-2-3 所示。

③管道法。楼层水平方向上预埋金属管道或设置开放式管道,对水平干线提供密封、机械保护、防火等功能。这种布线方法不太灵活,造价也高,常见于大型厂房、机场或宽阔的平面型建筑物。线缆穿入金属管道的填充率一般为 30% ~50% 。

**2. 线缆容量的计算**

具体计算的原则如下:

①语音干线可按一个电话信息插座至少配 1 个线对的原则进行计算。

②计算机网络干线线对容量计算原则是:电缆干线按 24 个信息插座配两对对绞线,每一个交换机或交换机群配 4 对对绞线;光缆干线按每 48 个信息插座配 2 芯光纤。

③当信息插座较少时,可以多个楼层共用交换机,并合并计算光纤芯数。

④如有光纤到用户桌面的情况,光缆直接从设备间引至用户桌面,干线光缆芯数应不包含这种情况下的光缆芯数。

⑤主干系统应留有足够的余量,以作为主干链路的备份,确保主干系统的可靠性。

**3. 线缆敷设要求**

(1)光缆

①光缆敷设时不应该绞接。

②光缆在室内布线时要走线槽。

③光缆在地下管道中穿过时要用 PVC 管。

④光缆需要拐弯时,其曲率半径不得小于 30 cm。

⑤光缆的室外裸露部分要加铁管保护,铁管要固定牢固。

⑥光缆不要拉得太紧或太松,并要有一定的膨胀收缩余量。

⑦光缆埋地时,要加铁管保护。

(2)双绞线

①双绞线敷设时要平直,走线槽,不要扭曲。

②双绞线的两端点要标号。

③双绞线的室外部分要加套管,严禁搭接在树干上。

④双绞线不要拐硬弯。

另外,还需注意以下几点:①网线一定要与电源线分开敷设,可以与电话线及电视天线放在一个线管中。布线时拐角处不能将网线折成直角,以免影响正常使用。②如果主干距离不超过100 m,当网络设备主干高速端口选用RJ45铜缆口时,可以采用单根8芯5类或6类双绞线作为网络主干线即可。③缆线不得布放在电梯或供水、供气、供暖管道竖井中。

4.线缆敷设方法

在竖井(孔)中敷设缆线时有向下垂放电缆和向上牵引电缆两种方式。相比较而言,向下垂放比较容易。

(1)向下垂放线缆

①把线缆卷轴放到最顶层。

②在离房子的开口3~4 m处安装线缆卷轴,并从卷轴顶部馈线。

③在线缆卷轴处安排布线施工人员,每层楼上有一个工人,以便引寻下垂的线缆。

④旋转卷轴,将线缆从卷轴上拉出。

⑤将拉出的线缆引导进竖井中的孔洞。在此之前,先在孔洞中安放一个塑料的套状保护物,以防止孔洞不光滑的边缘擦破线缆的外皮。

⑥慢慢地从卷轴上放线并进入孔洞向下垂放,注意速度不要过快。

⑦继续放线,直到下一层布线人员将线缆引到下一个孔洞。

⑧按前面的步骤继续慢慢地放线,直至线缆到达指定楼层进入横向通道。

(2)向上牵引线缆

向上牵引线缆需要使用电动牵引绞车,其主要步骤如下:

①按照线缆的质量,选定绞车型号,按说明书进行操作,先往绞车中穿一条绳子。

②启动绞车,并往下垂放一条拉绳,直到安放线缆的底层。

③如果缆上有一个拉眼,则将绳子连接到此拉眼上。

④启动绞车,慢慢地将线缆通过各层的孔向上牵引。

⑤缆的末端到达顶层时,停止绞车。

⑥在地板孔边沿上用夹具将线缆固定。

⑦当所有连接制作好之后,从绞车上释放线缆的末端。

注意:垂直子系统敷设缆线时,应对缆线进行绑扎。在绑扎缆线的时候特别注意的是应该按照楼层进行分组绑扎。

 **任务实施**

一、任务提出

根据要求,进行垂直子系统布线。从本工程办公室所在的楼层弱电间到本办公楼中心机房,共需敷设一条大对数电缆和一条语音线,布在垂直金属线槽内。施工设计图纸已经制作完成,设备已经购买,请按图纸正确施工布线。

## 二、任务目标

①会正确使用垂直子系统布线所需的各种工具。
②掌握各种垂直子系统通信设备的安装方法。
③熟悉大对数电缆线序的排列方法。
④掌握正确的理线方法。

## 三、实施步骤

本工程办公楼共有4层,即共有4个楼层弱电间(管理间子系统)。由项目三讲解可知,每个弱电间有一个交换机、一个110配线架需要跟中心机房连接。因此,每个弱电间分别拉出一条网线和一条25对大对数电缆到中心机房。

### 1. 固定金属线槽

本工程办公楼每层弱电间是对齐分布的,并且预留有电缆孔。首先将金属线槽垂直固定在墙上,如图5-2-4所示,贯通4层弱电间到中心机房。

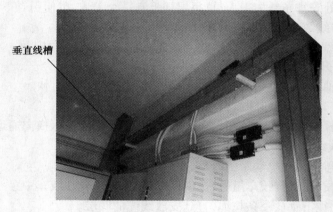

垂直线槽

图5-2-4　固定金属线槽

### 2. 布线

采用向下垂放电缆的方法,将每层弱电间的两条电缆(一条网线、一条25对大对数电缆)布防在线槽内,并分别引入中心机房机柜内。

### 3. 理线

将配线架固定在机柜上后,对电缆进行工艺理线,确保机柜布线美观。理线是指在机房的进线孔至配线架的模块孔之间,将线缆理整齐。

在机柜正面,生产厂商已经制造出了各种造型的配线架、跳线管理器等部件,其正面的美观已经不成问题。但是,机柜内的水平双绞线位于机柜的后侧。过去,这些双绞线不进行整理,或进行简单的绑扎后立即上配线架。那时,从机柜的背后看去,水平双绞线就像瀑布一样垂荡在那里,或由数根尼龙扎带随意绑扎在机柜的两侧,工程完工后施工方(甚至是业主方)不敢让人参观机柜的内部。随着布线水平的提高,布线系统的工程商已经通过施工工艺及层层把关,有把握达到每根线都能够通过国家标准所要求的99%的性能测试合格率。这时,人们的注意力就转向了美观。

在机房内,每根线从进入机房开始,直到配线架的模块为止,都应做到横平竖直不交叉。并按电子设备排线的要求,做到每个弯角处都有线缆固定,保证线缆在弯角处有一定的转弯半径,同时做到横平竖直。

上述要求同样适用于机柜后侧。既然水平双绞线布置成瀑布型已经不再理线,因此对机柜内的水平双绞线就应该进行理线。理线没有具体的标准可循,很多施工人员的理线工艺手法并不一样。常见的有以下3种理线工艺:

1)瀑布造型理线

瀑布型理线工艺是最常见的理线方法,它使用尼龙束带将线缆绑扎在机柜内侧的立柱、横梁上,不考虑美观,仅保证中间的空间可以腾出来给网络设备使用,如图5-2-5所示。它采用了"花果山水帘洞"的艺术形象,从配线架的模块上直接将双绞线垂荡下来,分布整齐时有一种很漂亮的层次感(每层24-48根双绞线)。

图5-2-5　瀑布造型

这种造型的优点是节省理线人工,减少线间干扰(串扰)。但缺点则也比较多,缺点如下:

①安装网络设备时容易破坏造型,甚至出现不易将网络设备安装到位的现象。

②每根双绞线的重量全部变成拉力,作用在模块的后侧。如果在端接点之前没有对双绞线进行绑扎,这一拉力有可能会在数月、数年后将模块与双绞线分离,引起断线故障。

③一旦在该配线架中某一个模块需要重新端接,那维护人员只能探入"水帘"内进行施工,有时会身披数十根双绞线,而且因机柜内普遍没有内设光源,造成端接时不容易看清楚,致使端接错误的概率上升。

2)逆向理线

逆向理线也称为反向理线。逆向理线是在配线架的模块端接完毕,并通过测试后,再进行理线。其方法是从模块开始向机柜外理线,同时桥架内也进行理线。这样做的优点是理线在测试后,不会因某根双绞线测试通不过而造成重新理线,也不必担心机柜后侧的线缆长度。而缺点是由于两端(进线口和配线架)已经固定,在机房内的某一处必然会出现大量的乱线(一般在机柜的底部),这一处往往在地板下(下进线时)或天花上(上进线时)。

逆向理线一般为人工理线,凭借肉眼和双手完成理线。由于机柜内有大量的电缆,在穿线时彼此交叉、缠绕,因此这一方法耗时多、工作效率无法提高。

3）正向理线

正向理线也称前馈型理线。正向理线是在配线架端接前进行理线。它往往从机房的进线口开始（如果是从机柜到机柜之间的双绞线理线，则是从其中某一机柜内的配线架开始进行理线），将线缆逐段整理，直到配线架的模块后端为止。在理线后再进行端接和测试。

正向理线所要达到的目标是：自机房的进线口至机柜的水平双绞线以每个 16/24/32/48 口配线架为单位，形成一束束的水平双绞线线束，每束线内所有的双绞线全部平行（在短距离内的双绞线平行所产生的线间串扰不会影响总体性能，因为桥架和电线管中铺设着每根双绞线的大部分，这部分是散放的，是不平行的），各线束之间全部平行，如图 5-2-6 所示。在机柜内每束双绞线顺势弯曲后敷设到各配线架的后侧，整个过程仍然保持线束内双绞线全程平行。在每个模块后侧从线束底部将该模块所对应的双绞线抽出，核对无误后固定在模块后的托线架上或穿入配线架的模块孔内。

正向理线的优点是可以保证机房内线缆在每点都整齐，且不会出现线缆交叉。而缺点是如果线缆本身在穿线时已经损坏，则测试通不过会造成重新理线。因此，正向理线的前提是对线缆和穿线的质量有足够的把握。

图 5-2-6　正向理线

（1）理线板制作方法

理线板是正向理线的必备工具，并使用相应的理线表配合理线，如图 5-2-7 所示。理线板可以采用橡胶板、纤维板、层压板或木板在现场自制，也可以统一在制作后使用。

理线板的制作方法十分简单：测量所用双绞线的缆径，并附加 2—4 mm 后形成理线板的孔径，然后根据板的强度选择孔与孔之间的间距，在板上横向划 5 根线，纵向划 5 根线后留有写编号的空间后确定板的长宽尺寸。剪切或锯下多余部分后，使用手枪钻在画线的交叉点上以所确定的孔径钻 25 个孔后，用粗砂纸将所有的边沿倒角后，在横向写上（或刻上）1—5 的编号，在纵向写上（或刻上）A—E 的编号后大功告成。

理线板是一块 25 孔方板（对应于 24 口配线架的合适尺寸 5×5 孔理线板，也可以选用 4×6,8×8 等规格），单面写字，每孔可以穿 1 根水平双绞线。可以想象：当双绞线穿入理线板后，彼此之间的相对位置就基本固定，根据其位置进行绑扎时不容易出现大的错位现象，更不易出现线缆的交叉现象。

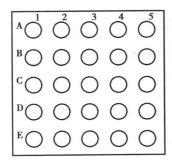
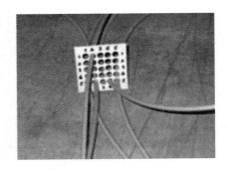

图 5-2-7　理线板

（2）理线表的制作方法

理线板需使用相应的理线表配合理线，见表 5-2-1。表中的 1—24 编号为配线架模块的编号，与配线架模块号一一对应。

表 5-2-1　右进上出（左进下出）理线表

|  | 1 | 2 | 3 | 4 |
|---|---|---|---|---|
| 5 | 6 | 7 | 8 | 9 |
| 10 | 11 | 12 | 13 | 14 |
| 15 | 16 | 17 | 18 | 19 |
| 20 | 21 | 22 | 23 | 24 |

理线表是一张人为定义的表格，当使用 24 口配线架时可以使用 5×5 理线板，对应理线表为 5 行 5 列的表格，每个单元格对应一个孔。理线表的填写方法可以有多种，每种填写方法对应于一种排列顺序。

在实际填写理线表时，应将与配线架 1—24 口对应的线缆线号填入理线表，这样线号与配线架的模块号就一一对应了。在一般情况下，当配线架布置图完成后，可使用 Excel 的联动功能，自动形成针对每个配线架的理线表。

理线表的构成可以根据机柜配线架的进线方向和出线方法双重确定：

①右进上出理线表。这种理线表的排列参见表 5-2-1。它的特点是从机柜后侧向前看，双绞线从配线架的右侧进入配线架背后的托线架上，整束双绞线从上方开始出现，1 号线进入最右侧的第 1 个模块孔，依次类推，最后 24 号线进入最左侧的模块孔。

特点：整束线底面与托线架完全平行。

②右进下出理线表。这种理线表的排列参见表 5-2-2。它的特点是从机柜后侧向前看，双绞线从配线架的右侧进入配线架背后的托线架上，整束双绞线从下方开始出现，1 号线进入最右侧的第 1 个模块孔，依次类推，最后 24 号线进入最左侧的模块孔。

特点：整束线的上平面保持完整的斜线平行，覆盖着下面所有的双绞线，双绞线进入模块时几乎看不见。

表 5-2-2　右进下出（左进上出）理线表

| 20 | 21 | 22 | 23 | 24 |
|----|----|----|----|----|
| 15 | 16 | 17 | 18 | 19 |
| 10 | 11 | 12 | 13 | 14 |
| 5  | 6  | 7  | 8  | 9  |
|    | 1  | 2  | 3  | 4  |

③左进上出理线表。这种理线表的排列参见表 5-2-2。它的特点是从机柜后侧向前看，双绞线从配线架的左侧进入配线架背后的托线架上，整束双绞线从上方开始出现，24 号线进入最左侧的第 1 个模块孔，依次类推，最后 1 号线进入最右侧的模块孔。

特点：整束线底面与托线架完全平行。

④左进下出理线表。这种理线表的排列参见表 5-2-1。它的特点是从机柜后侧向前看，双绞线从配线架的左侧进入配线架背后的托线架上，整束双绞线从下方开始出现，24 号线进入最左侧的第 1 个模块孔，依次类推，最后 1 号线进入最右侧的模块孔。

特点：整束线的上平面保持完整的斜线平行，覆盖着下面所有的双绞线，双绞线进入模块时几乎看不见。

（3）正向理线工艺

在正向理线过程中，需要布线材料的配合，并使用理线板和理线表，配合着理线工艺才能完成一个同时具有美观、可靠、快捷、预留的效果。下面以最常见的右进上出理线方式介绍正向理线的基本施工工艺：

①将配线架固定到位，背后装好托架，如图 5-2-8 所示。正面将打印了线号的面板纸装入配线架（或贴在配线架上），若配线架的模块可以卸下，则应卸下模块。

图 5-2-8　固定配线架

图 5-2-9　理线板定位

②理线板定位：理线板在穿线前先应确定其方向，如图 5-2-9 所示。使理线板在理线过程中不需要硬行扭转方向，就可以使 E1 孔就近自然对准 1 号模块，此时理线板上的 2—5 孔与配线架的 2—5 号保持平行。通常可以使用这样的方法进行定位：先将理线板垂直放在 1 号模块背后，使 E1 孔对着 1 号模块（有字的一面朝向 24 号模块），然后手持理线板顺着线缆未来的路由走向，向机房的进线口移动，移动时确保理线板只出现平行移动，不发生转动，当理线板到达进线口时，记下理线板的方位（主要是 A1 孔位置所在的方位），以便后续每块理线板使用。

③理线板穿线：在机房的进线口旁，将理线板按步骤②所确定的方位将板的方向调整好，将水平双绞线按线号依理线表穿入理线板（有字的一面对着自己，线从无字的一面穿入板中），如图 5-2-10 所示。这道工序一般由两人共同完成：一人找到线号（只要找到该理线板所需的线号即可）并将其与其他线缆分离，一人将线穿入理线板的对应孔中。要注意的是，双绞线应全部穿过线板，也就是应该将理线板紧贴在进线口旁，这样才能保证进入机房的双绞线全部被整理。

图 5-2-10　理线板穿线

④路由理线：先在理线板外侧（无字侧）根部用魔术贴（或尼龙扎带）将穿入理线板的双绞线扎成一束，如图 5-2-11（a）所示。然后将理线板沿着指定的路由向自己方向平移，平移100 mm 后在理线板外侧根部用魔术贴（或尼龙扎带）再绑扎一次（防止前次绑扎松动）。此时应注意使线束形成圆形，而线束外侧的线应该是理线板外围一圈的线，理线板中间的线在线束的内部，确定后的所有双绞线的相对平行一直要保持到配线架的最远端的模块后侧（即第 24个模块后侧）。继续平移理线板 200 mm 左右，在理线板外侧根部用魔术贴（或尼龙扎带）绑扎，注意每根线应保持与前次绑扎时的位置相同，不允许有些线从外层转入内层，也不允许内层线转入外层。依次平移，直到配线架为止，如图 5-2-11（b）所示。

（a）扎一根扎带　　　　　　　　　　（b）继续绑扎

图 5-2-11　把双绞线扎成一束

⑤线束固定：在理线过程中，如果旁边遇到桥架上的扎线孔或机柜内的扎线板，则应在绑扎线束的同时将线束绑扎在桥架或机柜上，以免线束下滑，如图 5-2-11（b）所示。

图 5-2-12　弯角理线

⑥弯角理线：当平移过程中遇到转弯时，必须让理线板贴近转弯角，在弯角旁顺着转弯，如图 5-2-12 所示，不可以绑扎后再贴上弯角（由于弯角处内侧的线短，外侧的线长，因此如果按直线绑扎后再转弯，弯角处的线束一定会变形）。这就要求所有的线束必须在现场绑扎，不可以事先绑扎后再移到现场来。

⑦托架理线：当理线板到达配线架背后的托架上后，先将线束绑扎在托架上，如图 5-2-13（a）所示，然后向前平移，每到达一个模块前时，将线束绑扎一次，如图

5-2-13(b)所示,然后分出该模块对应的线号。此工序应配备两人:1人分线,1人将线从配线架背后拉到配线架正面去(如果模块可以卸下,则将线从模块孔穿到正面去),如图5-2-13(c)所示,同时两人唱号核对线号与配线架上的面板编号是否一致。

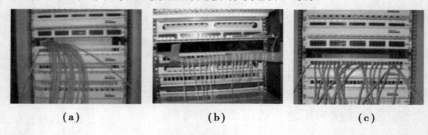

(a)        (b)        (c)

图 5-2-13 托架理线

⑧将退出的理线板重新拿到进线口,使用下一个24口配线架的理线表,依次重复1—8,完成下一束线的理线工作,直到全部完成。

4)两机柜之间的理线

在机房内,时常会出现两个机柜之间敷设有一束双绞线的要求,这时如果在两个配线架上使用相同的配线架进线及出现规则,就可能会出现线束扭转的现象。要解决这个问题,两个机柜应分别选用不同的理线表。

下面我们分4种情况对两个机柜之间布线方法进行分析(图中使用蓝、橙、绿、棕、灰5种颜色分别标明最上层、次上层、中层、次下层和最下层):

①右侧机柜配线架与左侧机柜配线架同方向,且均为右侧进线(右进上出)。

如图5-2-14所示,在A配线架上双绞线的排列为1号线最先出现,其他线按顺序出线,排列整齐;在B配线架上仍然是1号线先出线,但因它排列在B配线架线束中4号线的位置,所以每层线在出线时会有交叉,由于5层线的交叉位置完全一致,因此在B配线架上不会影响美观。

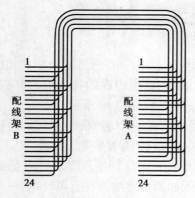

图 5-2-14 两机柜之间的理线①

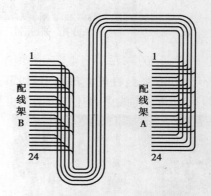

图 5-2-15 两机柜之间的理线②

②右侧机柜配线架与左侧机柜配线架同方向,右侧机柜为左侧进线(左进上出)。

如图5-2-15所示,在A配线架上双绞线的排列为1号线最先出现,其他线按顺序出线,排列整齐;在B配线架上为24号线先出线,改为了下出线方式,由于最上层的线全部覆盖在所有的线上,保持了一层完全平整的斜线,因此在B配线架上依旧美观。

③右侧机柜配线架与左侧机柜配线架反方向,且均为右侧进线(右进上出)。

如图 5-2-16 所示,在 A 配线架上双绞线的排列为 1 号线最先出现,其他线按顺序出线,排列整齐;在 B 配线架上仍然是 1 号线先出线,但因它排列在 B 配线架线束中 4 号线的位置,所以每层线在出线时会有交叉,由于五层线的交叉位置完全一致,因此在 B 配线架上不影响美观。

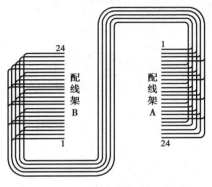

图 5-2-16　两机柜之间的理线③

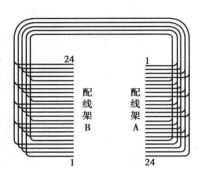

图 5-2-17　两机柜之间的理线④

④右侧机柜配线架与左侧机柜配线架反方向,右侧机柜为左侧进线(左进上出)。

如图 5-2-17 所示,在 A 配线架上双绞线的排列为 1 号线最先出现,其他线按顺序出线,排列整齐;在 B 配线架上为 24 号线先出线,改为了下出线方式,由于最上层的线全部覆盖在所有的线上,保持了一层完全平整的斜线,因此在 B 配线架上依旧美观。

由上述这 4 种机柜配线架摆放方法和进线方向的理线方式组合,利用类推出其他组合的理线方式。采用这样的方法,可以确保整束双绞线不会在敷设过程中翻转,仅需要改变第 2 个配线架的出线方式就可以解决问题。

本工程中心机房及弱电间分别只安装一个机柜,均采用正向理线工艺使中心机房和弱电间各电缆走向美观漂亮。中心机房和弱电间理线完成之后,要进行电缆连接。

4. 网线连接

在楼层弱电间,网线通过 RJ45 接头(水晶头)与网络配线架上各端口连接。制作 RJ45 接头方法见项目一任务二。

在中心机房,每层弱电间引入机房的网线通过 RJ45 接头,插入中心机房网络交换机上端口(1 端口预留给外线),并作好标签(采用场标记方法,见项目三任务二)。

5. 大对数电缆连接

在楼层弱电间,25 对大对数电缆与 25 对 110 配线架相连,连接方法如下:

①剥线。用剪刀或电工刀剥去大对数电缆的保护层(25 ~ 30 cm),剪去抗拉线,如图 5-2-18 所示。

②穿线。将电缆穿过 110 语音配线架一侧的进线孔,摆放至配线架打线处,使用绑扎带固定好电缆,如图 5-2-19 所示。

③理线。25 对线缆进行线序排列,先进行主色分配,再按配色分配,分配原则如下:

A. 通信电缆色谱排列:

a. 线缆主色为:白、红、黑、黄、紫。

b. 线缆配色为:蓝、橙、绿、棕。

B. 一组线缆为 25 对,以主色来分组,一共有 5 组分别为(图 5-2-20):

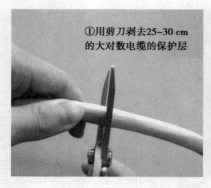
①用剪刀剥去25~30 cm
的大对数电缆的保护层

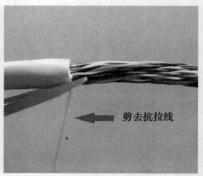
剪去抗拉线

图 5-2-18　剥线

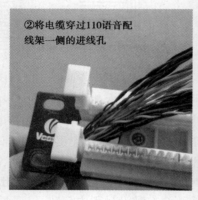
②将电缆穿过110语音配
线架一侧的进线孔

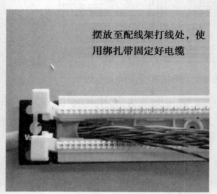
摆放至配线架打线处，使
用绑扎带固定好电缆

图 5-2-19　穿线

a. 白蓝、白橙、白绿、白棕、白灰。
b. 红蓝、红橙、红绿、红棕、红灰。
c. 黑蓝、黑橙、黑绿、黑棕、黑灰。
d. 黄蓝、黄橙、黄绿、黄棕、黄灰。
e. 紫蓝、紫橙、紫绿、紫棕、紫灰。

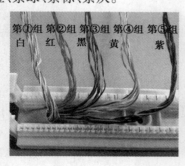
第①组 第②组 第③组 第④组 第⑤组
白　　红　　黑　　黄　　紫

蓝　橙　绿　棕　灰

图 5-2-20　理线

④压线。根据电缆色谱排列顺序，将对应颜色的线对逐一压入槽内（主色放在前面），如图 5-2-21 所示。

⑤打线。使用 110 打线钳固定线对连接，同时将伸出槽位外多余的导线截断，如图 5-2-22 所示。注意：刀要与配线架垂直，刀口向外。打好线的配线架如图 5-2-23 所示。

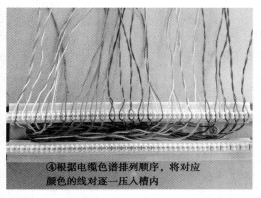

④根据电缆色谱排列顺序,将对应
颜色的线对逐一压入槽内

图5-2-21 压线

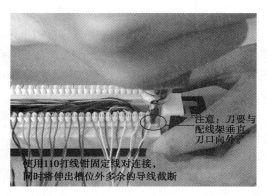

注意:刀要与
配线架垂直
刀口向外。

使用110打线钳固定线对连接,
同时将伸出槽位外多余的导线截断

图5-2-22 打线

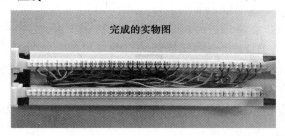

完成的实物图

图5-2-23 打好线的配线架

⑥打连接块。准备5对打线钳和110连接块,接连接块放入5对打线工具中,把连接块垂直压入槽内,如图5-2-24所示。并贴上编号标签,注意连接端子的组合是:在25对的110配线架基座上安装时,应选择5个5对连接块,或5个4对连接块和1个5对连接块。从左到右完成白区、红区、黑区、黄区和紫区的安装,要与25对大对数电缆的安装色序一致,如图5-2-25所示。

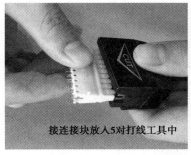

接连接块放入5对打线工具中

把连接块垂直压入槽内

图5-2-24 打连接块

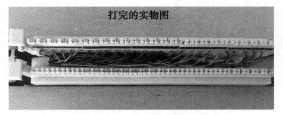

打完的实物图

图5-2-25 打完连接块的配线架

在中心机房,大对数电缆与机柜上的100对110配线架连接(本办公楼共有4层,4个弱电间),并作好标记。连接方法和25对110配线架方法一样。

6. 网络数据链路的连接

在中心机房,用一条网络数据跳线(RJ45 接头)将交换机的 1 端口和路由器的一个 LAN 端口连接起来。再用一条网络数据跳线(RJ45 接头)将路由器 WAN 端口与光电转换器上的网络端口连接起来。

7. 语音链路的连接

在楼层弱电间(本工程所在楼层),用一端是 RJ45 接头,一端是 8P 鸭嘴插口的跳线(称为 4 对鸭嘴跳线),如图 5-2-26 所示,将网络配线架一个端口(本工程使用 2 端口)和 25 对 110 配线架上的一个连接块连接起来(注意该连接块对应的大对数电缆的颜色)。

在中心机房,用一端是 RJ11 接头,一端是 2P 鸭嘴插口的跳线(称为 1 对鸭嘴跳线),如图 5-2-27 所示,将 100 对 110 配线架上的一个连接块和程控交换机上的一个内线端口连接起来(该连接块对应的大对数电缆的颜色要与上述颜色一致)。

为了确保语音点连通,需要先进行测试。测试方法如下:分别将 4 对鸭嘴跳线的 RJ45 接头一端和 1 对鸭嘴跳线的 RJ11 接头一端插入一台网络电缆测试仪对应的接口上,如图 5-2-28 所示。把网络电缆测试仪开关打到"ON",主测试器显示:3-4,而远程测试器显示:3-4,说明接线正常,否则接线不正常。

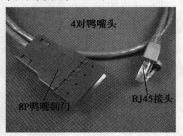

图 5-2-26　4 对鸭嘴跳线

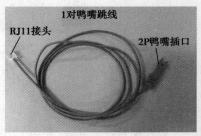

图 5-2-27　1 对鸭嘴跳线

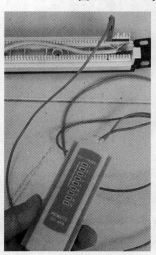

图 5-2-28　测试语音链路

最后再用一条两端都是 RJ11 接头的语音跳线,将程控交换机上的外线端口与中心机房内运营商预留的语音模块连接起来。

**四、任务总结**

任务实施过程中,要时刻注意安全。采用分组教学形式,安排每个组员充当不同的角色。由组长进行任务分工,组员合作共同完成任务。教师要随时与学生在一起,及时进行指导,不能让学生单独进行操作。

任务结束后,学生要完成相应的实训报告书。

 **思考与练习**

1. 简述理线的重要性。
2. 简述大对数电缆线序排列的原则。
3. 列写从办公室到办公楼中心机房,语音线链路上的设备。

## 任务三　理论探索:手机、电话、QQ 语音等通话时, 听到的声音为何与真声不同

 **任务目标**

终极目标:能熟练讲解模拟信号转换数字信号的原理。
促成目标:1. 了解模拟信号、数字信号的优缺点。
　　　　　2. 掌握模拟信号转换数字信号的原理。

 **工作任务**

1. 利用示波器查看信号采样的过程。
2. 练习:二进制与十进制之间的转换。

 **相关知识**

**一、模拟信号与数字信号比较**

由项目二中的任务三讲解可知,信号分为模拟信号和数字信号。

模拟信号是指用连续变化的物理量所表达的信息,在时间和状态上均连续,通常又把模拟信号称为连续信号,它在一定的时间范围内可以有无限多个不同的取值,如图 5-3-1 所示。如摄像机拍下的图像、录音机录下的声音、不断流失的时间等都是模拟信号。

模拟信号传输过程中,先把信息信号转换成几乎"一模一样"的波动电信号(因此叫"模拟"),再通过有线或无线的方式传输出去,电信号被接收下来后,通过接收设备还原成信息信号。在很长的一段时间内人们都是用模拟信号来传递信号的,例如有线相连的电话、无线发送

信号的广播电视等。

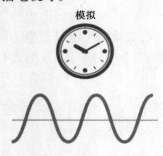

图 5-3-1　模拟信号

图 5-3-2　数字信号

时间和状态均离散的信号称为数字信号,现代通信基本上实现了数字通信。把从模拟信号采集而来的每一个离散幅值用二进制进行编码,所得到的脉冲序列就是实用的数字信号,如图 5-3-2 所示。现代的手机、计算机、数字电视等都是使用数字信号进行通信。

那么,模拟信号与数字信号谁的传输效果更好呢?

模拟信号同原来的信号在波形上几乎"一模一样",而数字信号是在模拟信号的基础上采样而来的,是取模拟信号上的一部分值。按说模拟信号更好啊,为什么广电局还要把老式模拟电视升级为数字电视呢? 为什么现在手机、计算机都要用数字信号进行通信呢?

从我们实际应用情况看,过去我们打电话时常常遇到听不清、杂音大的现象;广播电台播出的交响乐,听起来和在现场听乐队演奏相比总有较大的欠缺;电视图像上也时有雪花点闪烁,如图 5-3-3 所示。这是为什么呢?

图 5-3-3　电视雪花

信号在传输过程中要经过许多的处理和转送,这些设备难免要产生一些噪声和干扰。如果是有线传输,线路附近的电气设备也要产生电磁干扰;如果是无线传送,空中的各种电磁波干扰根本无法抗拒。由于模拟信号是连续的,这些干扰任意加到任何一点的幅值上,就很容易引起信号失真,这些失真还会随着传送的距离的增加而积累起来,严重影响通信质量。

对此,人们采取各种措施来抗干扰,如提高信息处理设备的质量,尽量减少它产生噪声;又如给传输线加上屏蔽;再如采用调频载波来代替调幅载波等。但是,这些办法都不能从根本上解决干扰的问题。随着技术的不断发展,人们发现采用数字信号进行通信很好地解决了这个问题。

数字信号由于幅值是离散的,当传输过程的干扰加在两个离散的幅值点之间时(在阈值

142

范围内),对信号是不产生影响的。即使因干扰信号的值超过阈值范围而出现了误码,只要采用一定的编码技术,也很容易将出错的信号检测出来并加以纠正,实现真正的高清信号,如图5-3-4 所示。因此,与模拟信号相比,数字信号在传输过程中具有更高的抗干扰能力、更远的传输距离,且失真幅度小。

图 5-3-4　高清电视

另外,由于数字信号是离散的,可以通过压缩技术,使其占用较少的带宽,以便在相同的带宽内传输更多、更高音频、视频等数字信号。

最后,数字信号便于存储,现在的 CD,MP3 唱盘,VCD,DVD 视盘及计算机光盘、计算机硬盘、手机内存等都是用数字信号来存储的信息。

**二、模拟信号与数字信号转换**

我们说话声音是模拟信号,而手机传输过程是数字通信。那么,要想利用数字通信传输模拟信号,首先需要把模拟信号转换成数字信号。

模拟信号转换成数字信号需要经过 3 个步骤:抽样、量化、编码。

1. 抽样

所谓抽样是把时间上连续的模拟信号变成一系列时间上离散的样值序列的过程,如图 5-3-5 所示。

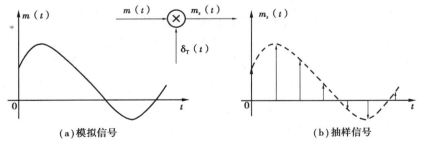

图 5-3-5　抽样

从图 5-3-5 看出,数字信号是从模拟信号上采集的一些点,因此单从信号的清晰度来说,肯定是模拟信号比数字信号好。例如大家看大片喜欢去电影院看,而不是在家看 DVD 或是在网上看,一个重要的原因在于电影院放的是胶片,是纯模拟信号。而 DVD 以及网上电影都是

143

数字信号,是从胶片模拟信号采集而来的。因而,电影院放的电影清晰度要远远大于 DVD 和网上电影。另外,视频格式有很多种,如图 5-3-6 所示,同一部电影,转化成不同格式的视频,其大小也不一样。例如早期的电影格式都是 rm,rmvb 的,一部电影大小在 300 M 左右,这种格式的电影全屏放映时,明显感到很不清晰。到后来就出现了 DVD 系列格式的电影(如 DVDrip 由影音文件(后缀为 avi)和字幕文件组成),一部电影大小在几个 G,其清晰度非常高。那么,为什么电影视频清晰度越高,电影容量就越大呢?我们从数字信号的转化过程可以得知,从模拟信号上采集的点越密,应该是越真实接近原模拟信号,但是相应的视频就会越大。以前我们计算机硬盘容量较小,一部硬盘需要存储多个电影视频,这时我们对视频质量清晰度就不再追求。而随着技术的不断发展,现在的硬盘都是以 T 为量级,电影视频大小不再是我们看重的了,而清晰度就成了衡量视频的一个重要指标。

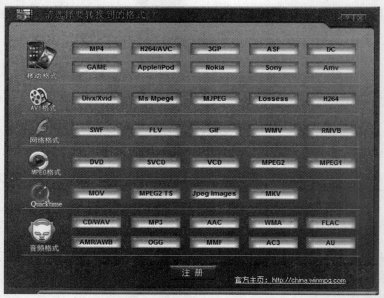

图 5-3-6  常见视频格式

同理,我们使用手机进行通话时,首先要将语音模拟信号转换成数字信号,在抽样过程中就"损耗掉"一部分音域。

(1)理想抽样

当抽样脉冲序列为单位冲激序列时,称为理想抽样,如图 5-3-5 所示。实际上理想抽样是实现不了的,因为时间"点"是找不到,我们只能划定一个时间段。

(2)自然抽样

自然抽样又称为曲顶抽样,它是指抽样后的脉冲幅度(顶部)随被抽样信号 $m(t)$ 变化,或者说保持了 $m(t)$ 的变化规律,也称为实际抽样,如图 5-3-7 所示。

(3)平顶抽样

平顶抽样又称为瞬时抽样,从波形上看,它与自然抽样的不同之处在于抽样信号中的脉冲均具有相同的形状——顶部平坦的矩形脉冲,如图 5-3-8 所示。矩形脉冲的幅度即为瞬时抽样值,在实际应用中,平顶抽样信号采用脉冲形成电路来实现,得到顶部平坦的矩形脉冲。好像是把自然抽样的"尖头"给削掉了,手机通话时,相当于又"损耗掉"一部分音域。

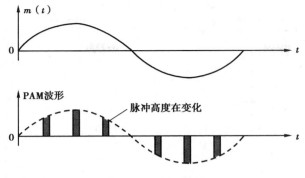

图 5-3-7　自然抽样

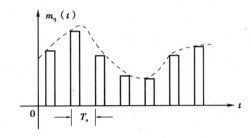

图 5-3-8　平顶抽样

## 2. 量化

用有限个电平来表示模拟信号抽样值被称为量化,如图 5-3-9 所示。从图中看到,每一个抽样点对应的幅度值都是不同的,那么在后期的编码过程中,需要对每个幅度值进行二进制编码。实际信号会有很多个抽样点,这样就会有很多个二进制编码出现。为了后期传输的快速,应该尽量少地出现不同的二进制编码,就需要对抽样点对应的幅值进行量化,即把相差不大的幅值合并,例如把幅值在 $2\Delta$ 和 $3\Delta$ 之间的值全部量化成 $2.5\Delta$。在实际中,量化过程常是和后续的编码过程结合在一起完成的,不一定存在独立的量化器。

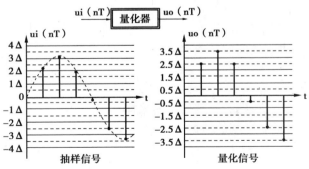

图 5-3-9　量化

从量化原理看出,在手机通话过程中,相当于一部分音质被认为"拉高或降低"了,又产生了失真。

## 3. 编码

把量化后的信号变换成代码的过程称为编码,其相反的过程称为译码。常见的码型有自然二进制码、折叠二进制码等,在实际的数字通信中通常采用折叠二进制码,见表 5-3-1。

表 5-3-1　折叠二进制码

| 样值脉冲极性 | 量化级序号 | 自然二进码 | 折叠二进码 |
|---|---|---|---|
| 正极性部分 | 15 | 1111 | 1111 |
| | 14 | 1110 | 1110 |
| | 13 | 1101 | 1101 |
| | 12 | 1100 | 1100 |
| | 11 | 1011 | 1011 |
| | 10 | 1010 | 1010 |
| | 9 | 1001 | 1001 |
| | 8 | 1000 | 1000 |
| 负极性部分 | 7 | 0111 | 0000 |
| | 6 | 0110 | 0001 |
| | 5 | 0101 | 0010 |
| | 4 | 0100 | 0011 |
| | 3 | 0011 | 0100 |
| | 2 | 0010 | 0101 |
| | 1 | 0001 | 0110 |
| | 0 | 0000 | 0111 |

与自然二进码相比,折叠二进码优点是:

①对于语音这样的双极性信号,只要绝对值相同,则可以采用单极性编码的方法,使编码过程大大简化。

②在传输过程中出现误码,对小信号影响较小。因为语音信号小幅度出现的概率比大幅度的大,所以,着眼点在于小信号的传输效果。

 **任务实施**

### 一、任务提出

①利用数字示波器查看信号的采样过程。
②练习:二进制与十进制之间的转换。

### 二、任务目标

①掌握示波器的使用方法,熟悉数字信号的采样过程。
②会进行二进制与十进制之间的转换。

### 三、实施步骤

①通过信号发生器产生如图 5-3-10(a)所示的正弦信号波。
②调节示波器,采用顺序存储采样数据,如图 5-3-10(b)所示。
③读取采样数据以构建波形,如图 5-3-10(c)所示。
④调节采样频率,观察采样信号的变化情况。
⑤撰写参观实训报告。
⑥课堂练习:二进制与十进制之间的转化。

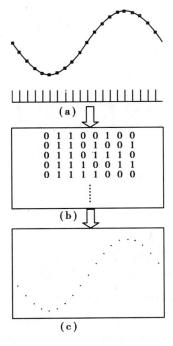

图 5-3-10　信号采样过程

## 四、任务总结

任务实施过程中,要时刻注意安全。每个学生都要进行观察,由学生讲解自己观察结果,并进行分析。老师要实时进行指导。

任务结束后,学生要完成相应的实训报告书。

 **思考与练习**

1. 简述语音通信时,听到的声音为何与真音不同。

2. 广电局为什么要把模拟电视升级到数字电视呢?

3. 把下列二进制转换成十进制:

$(101011)_2 =$

$(110100)_2 =$

$(1111001)_2 =$

$(1001010)_2 =$

$(1011001)_2 =$

4. 把下列十进制转换成二进制:

$(78)_{10} =$

$(55)_{10} =$

$(101)_{10} =$

$(124)_{10} =$

$(255)_{10} =$

# 项目六
# 办公楼中心机房到校园总机房通信线路
# 的安装与维护

　　办公楼中心机房到校园总机房的通信线路在综合布线系统中称为建筑群子系统,主要实现建筑物与建筑物之间的通信连接,一般采用光缆并配置光纤配线架等相应设备,它支持楼宇之间通信所需的硬件,包括缆线、端接设备和电气保护装置,如图 6-0-1 所示。

　　建筑群子系统是智能化建筑群体内的主干传输线路,也是综合布线系统的骨干部分。它的系统设计的好坏、工程质量的高低、技术性能的优劣都直接影响到综合布线系统的服务效果,在设计中必须高度重视。

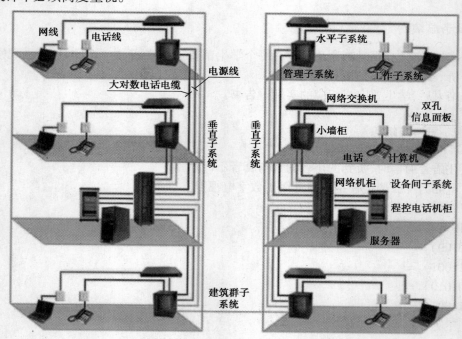

图 6-0-1　建筑群子系统综合布线系统图

## 任务一 办公楼中心机房到校园总机房(建筑群子系统) 布线设备的认识

### 任务目标

终极目标:熟练讲解建筑群子系统通信线路布线原则及所需设备。

促成目标:1.了解建筑群子系统布线的设计原则。

2.掌握建筑群子系统布线所需设备的结构类型。

### 工作任务

1.参观教学楼到校园中心机房的建筑群子系统的布线情况。

2.列写建筑群子系统布线所需的设备。

### 相关知识

**一、建筑群子系统设计原则认知**

**1.考虑环境美化要求**

建筑群子系统设计应充分考虑建筑群覆盖区域的整体环境美化要求,建筑群干线电缆尽量采用地下管道或电缆沟敷设方式。因客观原因最后选用了架空布线方式的,也要尽量选用原已架空布设的电话线或有线电视电缆的路由,干线电缆与这些电缆一起敷设,以减少架空敷设的电缆线路。

**2.考虑建筑群未来发展需要**

在布线设计时,要充分考虑各建筑需要安装的信息点种类、信息点数量,选择相对应的干线光缆类型以及敷设方式,使综合布线系统建成后,保持相对稳定,能满足今后一定时期内各种新的信息业务发展需要。

**3.路由的选择**

考虑到节省投资,路由应尽量选择距离短、线路平直的路由。但具体的路由还要根据建筑物之间的地形或敷设条件而定。在选择路由时,应考虑原有已铺设的地下各种管道,在管道内应与电力线缆分开敷设,并保持一定间距。

**4.电缆引入要求**

建筑群干线光缆进入建筑物时,都要设置引入设备,并在适当位置终端转换为室内电缆、光缆。引入设备应安装必要保护装置以达到防雷击和接地的要求。干线光缆引入建筑物时,应以地下引入为主,如果采用架空方式,应尽量采取隐蔽方式引入。

**5.干线电缆、光缆交接要求**

建筑群的主干光缆布线的交接不应多于两次。

**6. 建筑群子系统缆线的选择**

建筑群子系统敷设的缆线类型及数量由连接应用系统种类及规模来决定。计算机网络系统常采用光缆，经常使用 62.5 μm/125 μm 规格的多模光缆，户外布线大于 2 km 时可选用单模光纤。

电话系统常采用 3 类大对数电缆，为了适合于室外传输，电缆还覆盖了一层较厚的外层皮。3 类大对数双绞线根据线对数量分为 25 对、50 对、100 对、250 对、300 对等规格，要根据电话语音系统的规模来选择 3 类大对数双绞线相应的规格及数量。

有线电视系统常采用同轴电缆或光缆作为干线电缆。

**7. 缆线的保护**

当缆线从一建筑物到另一建筑物时，易受到雷击、电源碰地、感应电压等影响，必须进行保护。如果线缆进入建筑物时，按照 GB 50311—2007 的强制性规定，必须增加浪涌保护器。

**二、办公楼中心机房到校园总机房通信设备的认识**

**1. 光纤**

光纤是一种将信息从一端传送到另一端的媒介，一条玻璃或塑胶纤维作为信息传输的通道，如图 6-1-1 所示。光纤可分为单模光纤和多模光纤，如图 6-1-2 所示。单模光纤芯的直径为 8~10 μm，仅允许一个模式光信号传输，色散小，工作在长波长（1 310 nm 和 1 550 nm），与光器件的耦合相对困难，适用于室外远程通信；多模光纤芯的直径为 15~50 μm（大致与人的头发的粗细相当），允许上百个模式光信号传输，色散大，工作在 850 nm 或 1 310 nm，与光器件的耦合相对容易，适用于室内近距离通信。光纤芯外面包围着一层折射率比芯低的玻璃封套，以使光纤保持在芯内。再外面的是一层薄的塑料外套，用来保护封套。光纤通常被扎成束，外面有外壳保护。

单模光纤相比于多模光纤可支持更长传输距离，在 100 Mbps 的以太网以至 1 G 千兆网，单模光纤都可支持超过 5 000 m 的传输距离。但是，由于单模光纤与光器件的耦合相对困难，而光端机又非常昂贵，故采用单模光纤通信的成本会比采用多模光纤的成本高。

图 6-1-1　光纤

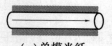

**(a) 单模光纤**

**(b) 多模光纤**

图 6-1-2　单模和多模光纤

通常光纤与光缆两个名词会被混淆，光纤在实际使用前外部由几层保护结构包覆，包覆后的缆线即被称为光缆。光缆外层的保护结构可防止糟糕环境对光纤的伤害，如水、火、电击等。光缆可分为室内光缆和室外光缆。

室内光缆用于话音、数据、视频、遥测和传感等。由于室内环境比室外要好得多，一般不需要考虑自然的机械应力和雨水等因素，因此多数室内光缆是紧套、干式、阻燃、柔韧型的光缆，如图 6-1-3 所示。

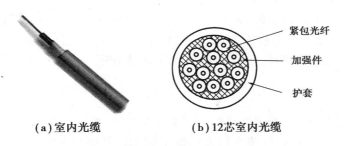

（a）室内光缆　　　　　　　（b）12芯室内光缆

图6-1-3　室内光缆

室外光缆的抗拉强度较大,保护层较厚重,并且通常为铠装(即金属皮包裹),如图6-1-4所示。

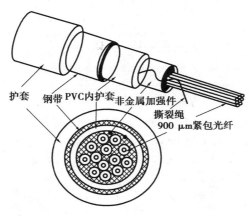

图6-1-4　金属铠装紧套室外光缆

与传统的双绞线通信相比,光纤具有以下优点:

①传输损耗低。损耗是传输介质的重要特性,它决定了传输信号所需中继的距离。

②传输频带宽大。光纤的频宽可达1 GHz以上。

③抗干扰性强。光纤传输中的载波是光波,它是频率极高的电磁波,远远高于一般电波通信所使用的频率,因此不受干扰,尤其是强电干扰。

④安全性能高。光纤采用的玻璃材质,不导电,防雷击;光纤无法像电缆一样进行窃听,一旦光缆遭到破坏马上就会发现,因此安全性更强。

⑤质量轻,机械性能好。光纤细小如丝,质量相当轻,即使是多芯光缆,质量也不会因为芯数增加而成倍增长,而电缆的质量一般都与外径成正比。

⑥光纤传输寿命长。普通视频线缆最多10~15年,光缆的使用寿命长达30~50年。

**2. 光模块**

光模块由光电子器件、功能电路和光接口等组成,光电子器件包括发射和接收两部分。光模块的作用就是光电转换,发送端把电信号转换成光信号,通过光纤传送后,接收端再把光信号转换成电信号。光模块有很多种类型,例如SFP,SFF,SFP+,GBIC,XFP等,目前最常用的是SFP模块,如图6-1-5所示。

图6-1-5　FFP光模块

SFP 是 SMALL FORM PLUGGABLE(小型可插拔)的缩写,体积只有大拇指大小。SFP 光模块的构成有:激光器(包括发射器、接收器)、线路板 IC、外部配件构成,外部配件则有外壳、底座、PCBA、拉环、卡扣、解锁件、橡胶塞组成,为了辨认方便一般以拉环的颜色辨别模块的参数类型。

3. 光纤连接器

光纤连接器,是光纤与光纤之间进行可拆卸(活动)连接的器件,它把光纤的两个端面精密对接起来,如图 6-1-6 所示,以使发射光纤输出的光能量能最大限度地耦合到接收光纤中去,并使由于其介入光链路而对系统造成的影响减到最小,这是光纤连接器的基本要求。在一定程度上,光纤连接器影响了光传输系统的可靠性和各项性能。

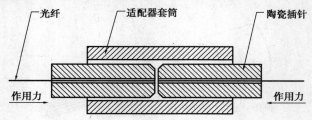

图 6-1-6　光纤连接器的对接原理

网络工程中几种常用的光纤连接器如图 6-1-7 所示。

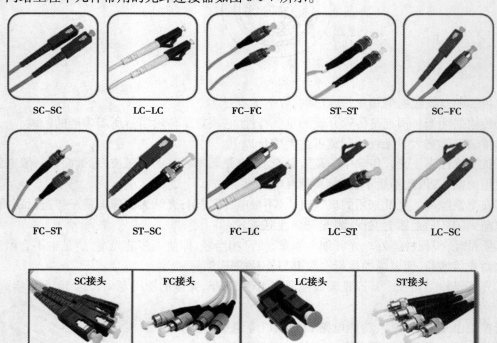

图 6-1-7　光纤连接器的种类

①FC 型光纤连接器:外部加强方式是采用金属套,紧固方式为螺丝扣,一般在 ODF 侧采用,配线架上用得最多。

②SC 型光纤连接器：连接 GBIC 光模块的连接器，它的外壳呈矩形，紧固方式是采用插拔销闩式，不需旋转，路由器、交换机上用得最多。

③LC 型光纤连接器：连接 SFP 模块的连接器，它采用操作方便的模块化插孔（RJ）闩锁机理制成，路由器上常用，SFP 光模块也是接 LC 光纤的连接器。

④ST 型光纤连接器：常用于光纤配线架，外壳呈圆形，紧固方式为螺丝扣。对于 10Base-F 连接来说，连接器通常是 ST 类型。

⑤MT-RJ：收发一体的方形光纤连接器，一头双纤，收发一体，如图 6-1-8 所示。MT-RJ 是安普（AMP）公司为了满足客户对连接器小型化、低成本、使用简便的光纤连接产品日益增长的需求而开发的一种特殊的新型光纤接头/光纤接口。MT-RJ 带有与 RJ-45 型 LAN 电连接器相同的闩锁机构，通过安装于小型套管两侧的导向销对准光纤，为便于与光收发信机相连，连接器端面光纤为双芯（间隔 0.75 mm）排列设计。由于其经济适用，特别适用于光纤到桌面

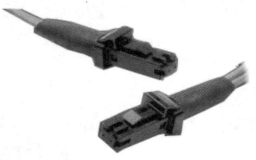

图 6-1-8　MT-RJ 型光纤连接器

的应用，随着我国大力推广光纤入户，MT-RJ 型光纤连接器将会得到广泛应用。

4. 光纤配线架

光纤配线架又叫光纤终端盒，如图 6-1-9、图 6-1-10 所示。光纤配线架是高密度、大容量设计，它具有外形美观大方，分配合理，便于查找，安装方便及良好的操作性等特点。光纤配线架主要分为：FC 型光纤配线架、SC 型光纤配线架、LC 型光纤配线架、ST 型光纤配线架。

光纤配线架是光传输系统中一个重要的配套设备，它主要用于光缆终端的光纤熔接、光连接器安装、光路的调接、多余尾纤的存储及光缆的保护等，它对于光纤通信网络安全运行和灵活使用有着重要的作用。

在光通信网建设中，光纤配线架的选型应重点考虑以下几个方面：

（1）纤芯容量

一个光纤配线架应该能使局内的最大芯数的光缆完整上架，在可能的情况下，可将相互联系比较多的几条光缆上在一个架中，以方便光路调配。同时配线架容量应与通用光缆芯数系列相对应，这样在使用时可减少或避免由于搭配不当而造成光纤配线架容量浪费。

（2）功能种类

光纤配线架作为光缆线路的终端设备应具有 4 项基本功能：

①固定功能：光缆进入机架后，对其外护套和加强芯要进行机械固定，加装地线保护部件，进行端头保护处理，并对光纤进行分组和保护。

②熔接功能：光缆中引出的光纤与尾缆熔接后，将多余的光纤进行盘绕储存，并对熔接接头进行保护。

③调配功能：将尾缆上连带的连接器插接到适配器上，与适配器另一侧的光连接器实现光路对接。适配器与连接器应能够灵活插、拔；光路可进行自由调配和测试。

④存储功能：为机架之间各种交叉连接的光连接线提供存储，使它们能够规则整齐地放置。光纤配线架内应有适当的空间和方式，使这部分光连接线走线清晰，调整方便，并能满足最小弯曲半径的要求。

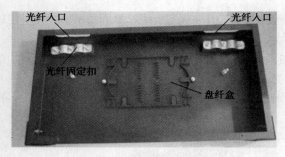

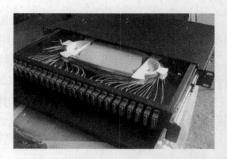

图 6-1-9　光纤配线架底盒　　　　　　　　　图 6-1-10　安装好光纤的配线架

### 5.光缆接头盒

光缆接头盒(光缆接续盒)是将两根或多根光缆连接在一起,并具有保护部件的接续部分,如图 6-1-11 所示。光缆接头盒是光缆线路工程建设中必须采用的,而且是非常重要的器材之一,光缆接头盒的质量直接影响光缆线路的质量和光缆线路的使用寿命。

图 6-1-11　光缆接头盒

 **任务实施**

### 一、任务提出

①参观学校教学楼到校园中心机房的建筑群子系统通信线路的布线情况。
②认真了解该建筑群子系统布线所用的各种设备,并作记录。

### 二、任务目标

①能够独自讲解建筑群子系统通信线路的连接原理。
②掌握建筑群子系统通信线路的布线方法。

### 三、实施步骤

①由任课教师与学校后勤或 IT 部门进行沟通,选择合适的一栋教学楼,参观从该教学楼到校园中心机房的布线情况,并确定参观时间。
②教师要提前对参观对象进行深入了解,提前给学生进行讲解,使学生对参观对象有初步了解。
③学生参观时,要遵守各项规章制度,认真听取 IT 专业技术人员的讲解。
④学生要做好记录,重点了解该建筑群子系统通信线路的连接原理。
⑤撰写参观实训报告。

**四、任务总结**

任务实施过程中,要时刻注意安全。采用分组形式,以便每位学生都能听到技术人员讲解,每位学生都能看到各通信设备。教师要随时与学生在一起,不能让学生单独进行操作。

任务结束后,学生要完成相应的实训报告书。

 **思考与练习**

1. 简述建筑群子系统所用的布线设备。

2. 简述光纤的分类及使用场合。

3. 剥开一段光纤,观察光纤结构,写出层的名称及其作用。

# 任务二　办公楼中心机房到校园总机房(建筑群子系统)通信线路的安装与维护

 **任务目标**

终极目标:会按国家标准正确安装办公楼中心机房到校园总机房的通信线路。

促成目标:1. 会正确使用建筑群子系统的安装工具。

　　　　　2. 掌握建筑群子系统布线的安装方法。

　　　　　3. 掌握光纤熔接的方法。

 **工作任务**

1. 按图纸及国家标准安装办公楼中心机房到校园总机房的通信线路。

2. 测试光纤链路。

 **相关知识**

**一、主要安装工具的认识**

1. 光纤熔接机

光纤熔接机主要用于光通信中光缆的施工和维护,如图6-2-1所示,利用高压电弧将两光纤断面熔化的同时用高精度运动机构平缓推进让两根光纤融合成一根,以实现光纤模场的耦合。

按照对准方式不同,光纤熔接机可分为两大类:包层对准式和纤芯对准式。包层对准式主要适用于要求不高的光纤入户等场合,因此价格相对较低;纤芯对准式光纤熔接机配备精密六马达对

图 6-2-1　光纤熔接机

155

芯机构、特殊设计的光学镜头及软件算法,能够准确识别光纤类型并自动选用与之相匹配的熔接模式来保证熔接质量,技术含量较高,因此价格相对也会较高。

光纤熔接机的易损耗材为放电的电极,基本放电4 000次左右就需要更换新电极。

国内主要生产厂家有:中电41所(6471、6471A)、四川灼识(8848)、南京吉隆、南京DVP、深圳瑞研、上海相和等。进口主要生产厂家有:日本藤仓、住友、古河,美国康未,和韩国易诺、日新、黑马等。

**2.红光笔**

红光笔是一款专门为需要光纤寻障、连接器检查、光纤寻迹等现场施工人员设计的笔试红光源,如图6-2-2所示。该红光源具有使用时间长、结构坚固可靠、功能多样等多种优点,是测试各种型号的光纤跳线、带状、束状尾纤,以及施工现场或者光纤线路维护的理想工具。

图6-2-2　红光笔实物图

(1)红光笔的主要作用

①光纤熔接后对光纤熔接质量的一个检验,判断光纤熔接断点、故障点。

光纤熔接点离光纤接头都是很短的,OTDR(Optical Time Domain Reflectometer,光时域反射仪)根本无法测试出熔接点是否有问题,红光笔就是补充这点,红光笔的红光打出去,就可以看见熔接点有没有折断。同时做完光纤熔接工程都会用红光笔对光缆进行通光,确保光缆熔接没有问题。

②机房ODF(Optical Distribution Frame,光纤配线架)的光纤核对,光纤有无折断。

在机房端,因为都是跳线接入ODF光纤配线架,颜色都是一样的,因此只要工程人员一不小心就会把跳线排序弄错。为防止接错,可以借助红光笔,首先在排好序的一排光纤一端通红光,技术人员马上就知道对应的是哪条,很容易就能把顺序给排好,使用红光笔大大节省了工作时间。

(2)注意事项

①使用时激光束绝对不允许对着人和动物的眼睛照射。

②激光器连续点亮时间建议不要超过30 s,否则会因为过热而影响激光器的寿命。

③不使用时请取出电池,放到小孩不易拿到的地方。

④如果发现激光束亮度严重降低请注意给电池充电或更换电池。

**3.塑料子管**

用于管道光缆布线工程,在大口径管道中敷设多根塑料管,称为"子管",规格一般为28/32 mm,如图6-2-3所示。通信管道中,在敷设光缆之前需要先行敷设塑料子管,对光缆进行保护。同一管孔内有多条光缆,布放先后时间不一,相互缠绕。管孔一长,后面光缆根本无法再穿过,因此放子管一般是同时放满全部子管。

**4.便携式光功率计**

便携式光功率计PMS-X是带微机控制的智能光功率计,可测量-70 ~ +20 dBm的光信号。PMS-X光功率计造型精巧;探头置于机身内部,可受到良好保护;使用新型薄膜开关,操作方

图 6-2-3 塑料子管

便可靠,并可防潮,适合多种操作环境,如图 6-2-4 所示。它广泛应用于光缆施工维护、CATV(公共电视)施工维护等领域。

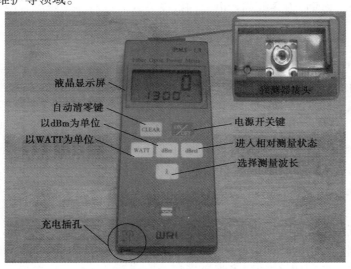

图 6-2-4 PMS-X 便携式光功率计实物图

## 5.光缆测试仪

光缆测试仪又称为光时域反射仪 OTD(Optical Time Domain Reflectometer)。OTDR 是利用光线在光纤中传输时的瑞利散射和菲涅尔反射所产生的背向散射而制成的精密的光电一体化仪表,它被广泛应用于光缆线路的维护、施工之中,可进行光纤长度、光纤的传输衰减、接头衰减和故障定位等的测量,如图 6-2-5 所示。测试时,它先对光纤发出一个信号,然后观察从某一点上返回来的是什么信息。这个过程会重复地进行,然后将这些结果进行平均并以轨迹的形式来显示,这个轨迹就描绘了在整段光纤内信号的强弱。

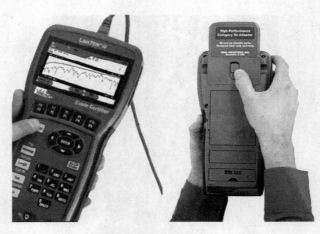

图 6-2-5　光缆测试仪

**二、办公楼中心机房到校园总机房通信线路布线原则认知**

1. 地下埋管原则

建筑群子系统的室外缆线，一般通过建筑物进线间进入大楼内部的设备间，室外距离比较长，设计时一般选用地埋管道穿线或者电缆沟敷设方式。也有在特殊场合使用直埋方式，或者架空方式。

2. 远离高温管道原则

建筑群的光缆或者电缆，经常在室外部分或者进线间需要与热力管道交叉或者并行，遇到这种情况时，必须保持较远的距离，避免高温损坏缆线或者缩短缆线的寿命。

3. 远离强电原则

园区室外地下埋设有许多 380 V 或者 10 000 V 的交流强电电缆，这些强电电缆的电磁辐射非常大，网络系统的缆线必须远离这些强电电缆，避免对网路系统的电磁干扰。

4. 预留原则

建筑群子系统的室外管道和缆线必须预留备份，方便未来升级和维护。

5. 管道抗压原则

建筑群子系统的地埋管道穿越园区道路时，必须使用钢管或者抗压 PVC 管。

6. 大拐弯原则

建筑群子系统一般使用光缆，要求拐弯半径大，实际施工时，一般在拐弯处设立接线井，方便拉线和后期维护。如果不设立接线井拐弯时，必须保证较大的曲率半径。光缆的弯曲半径应不小于光缆外径的 15 倍，施工过程中不应小于 20 倍。

7. 布线方法

（1）架空布线法

这种布线方式造价较低，但影响环境美观且安全性和灵活性不足。架空布线法要求用电杆在建筑物之间悬空架设，一般先架设钢丝绳，然后在钢丝绳上挂放缆线，如图 6-2-6 所示。架空布线使用的主要材料和配件有：缆线、钢缆、固定螺栓、固定拉攀、预留架、U 型卡、挂钩、标志管等。

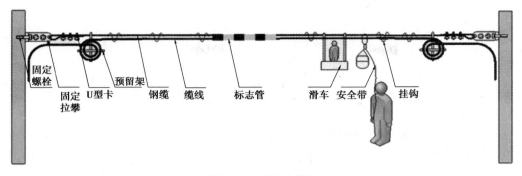

图 6-2-6　架空布线法

（2）直埋布线法

直埋布线法就是在地面挖沟,然后将缆线直接埋在沟内,通常应埋在距地面 0.6 m 以下的地方,或按照当地城管等部门的有关法规去施工。直埋布线法的路由选择受到土质、公用设施、天然障碍物（如木、石头）等因素的影响。直埋布线法具有较好的经济性和安全性,总体优于架空布线法,但更换和维护不方便且成本较高。

（3）管道布线法

管道布线是一种由管道和入孔组成的地下系统,它把建筑群的各个建筑物进行互连,一根或多根管道通过基础墙进入建筑物内部的结构,如图 6-2-7 所示。地下管道能够保护缆线,不会影响建筑物的外观及内部结构。管道埋设的深度一般在 0.8 ~ 1.2 m,或符合当地城管等部门有关法规规定的深度。为了方便日后的布线,管道安装时应预埋一根拉线,以供以后的布线使用。为了方便管理,地下管道应间隔 50 ~ 180 m 设立一个接合井,此外安装时至少应预留 1 ~ 2 个备用管孔,以供扩充之用。

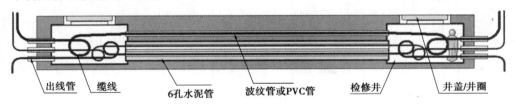

图 6-2-7　管道布线法

**任务实施**

**一、任务提出**

根据要求,进行建筑群子系统布线。从本工程办公室所在的本办公楼中心机房到校园总机房,需敷设一条光缆,采用地下管道布线法。施工设计图纸已经制作完成,设备已经购买,请按图纸正确施工布线。

**二、任务目标**

①会正确使用建筑群子系统布线所需的各种工具。

②掌握各种建筑群子系统通信设备的安装方法。

③掌握光纤熔接的方法。

### 三、实施步骤

（一）管道内敷设光缆

1. 光缆敷设准备

①按设计核对光缆占用的管孔位置。

②在同路由上选用的孔位不宜改变，如变动或拐弯时，应满足光缆弯曲半径的要求。

③所用管孔必须清刷干净。

2. 布塑料子管

在空径 90 mm 及以上的管道内，按规定敷足 3 根或 3 根以上的子管，子管颜色不应相同，如图 6-2-8 所示，布放时应避免子管扭绞。子管不得跨人孔敷设，子管在管道内不应有接头，如图 6-2-9 所示。上下人孔必须使用梯子，严禁踩踏光缆及接头盒，如图 6-2-10 所示。连续布放塑料子管道的长度，不宜超过 300 m。牵引子管的最大拉力，不应超过管材的抗张强度，牵引速度要求均匀。人孔内子管留长为 200～400 mm，子管布放完毕，应将管口作临时堵塞。不用的子管必须在管端安装堵塞（帽），如图 6-2-11 所示。

图 6-2-8　敷设塑料子管

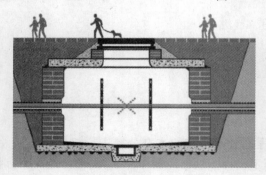

图 6-2-9　子管不得跨人孔敷设

图 6-2-10　上下人孔须使用梯子

3. 布缆

利用有子管的管道穿缆时，应按设计核对本期光缆敷设占用的子管颜色，中继段内选用的子管颜色全程不应改变（特殊情况除外）。

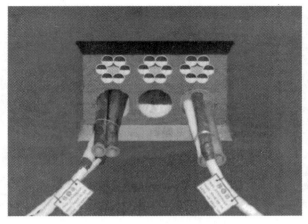

图 6-2-11　管口封堵

　　布放光缆时,光缆必须由缆盘上方放出并保持松弛弧形,如图 6-2-12 所示。布放光缆时,必须严密组织并有专人指挥,如图 6-2-13 所示,通过逐个人孔将光缆放置在规定的托板上,并应留适当余量避免光缆绷得太紧。打开人孔时,必须通风后下井作业,如图 6-2-14 所示。在井下作业时,如感到呼吸困难,必须立即上井离开。下井时必须使用梯子,不得踩踏井下光缆,人孔上下应有专人传递光缆,并在人孔圈处加保护管以防光缆受伤,如图 6-2-15 所示。光缆穿入管孔或管道拐弯或有交叉时,应采用导引装置或喇叭口保护管,不得损伤光缆外护层。牵引过程中人员各施工应有良好联络手段,两人孔间人员要协同工作,如图 6-2-16 所示。人工布放光缆时每个人孔应有人值守,机械布放光缆时拐弯人孔应有人值守。禁止未经训练的人员上岗和无联络工具的情况下作业。

　　布放光缆的牵引力应不超过光缆允许张力的 80%,瞬间最大牵引力不得超过光缆允许张力的 100%,主要牵引应加在光缆的加强件（芯）上,车辆牵引速度调节范围应在 0 ~ 20 m/min,人工牵引速度调节范围应在 0 ~ 40 m/min。光缆布放过程中应无扭转,严禁打小圈、浪涌等现象发生。为防止在牵引过程中扭转损伤光缆,牵引端头与牵引索之间应加入转环。接头所在人孔的光缆预留长度 6 ~ 10 m,人孔内的光缆可采用蛇形软管（或软塑料管）保护并绑扎在电缆托板上或按设计要求的措施处理,人孔内的光缆应有识别标志。光缆布放完毕,应检查光纤是否良好,如图 6-2-17 所示。

（a）子管敷设

（b）子管牵引封套

图 6-2-12　敷设电缆

图 6-2-13　专人指挥

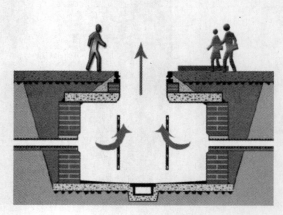

图 6-2-14　人孔通风

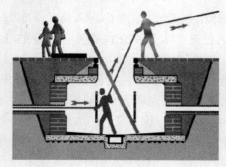

图 6-2-15　下人孔

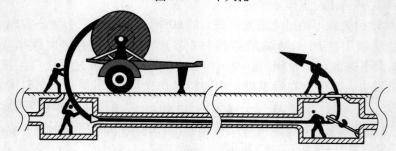

图 6-2-16　人孔之间协同

图 6-2-17　检查光缆

　　过井光缆应贴井壁敷设，不应在井中心穿过，光缆接头预留 6 ～ 10 m，盘在预留架上，并采用塑料皮线绑扎，如图 6-2-18 所示。管道光缆在人孔中的各种预留都要加装波纹塑料软管保护，安装时应将塑料软管纵抛裹在光缆上，并用塑料胶袋绑扎，然后绑在托架上，如图 6-2-19 所示。

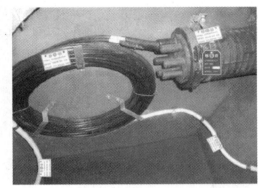

图 6-2-18　穿人孔光缆及端头预留

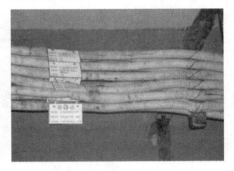

图 6-2-19　塑料软管

**4. 安装管道光缆接头盒**

①接头盒密封圈必须完好，封装后不能使潮气和水浸入。

②接头盒一般应安装在人（手）孔的上部，避免井内积水浸泡，固定材料宜选用 ≥30×3 mm扁钢（不锈钢），紧固时宜采用 M8 不锈钢膨胀螺栓，如图 6-2-20 所示。安装的具体位置应考虑开启方便。

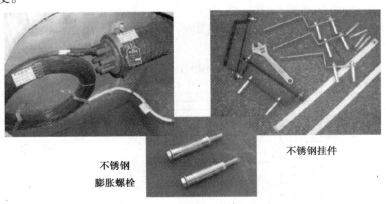

图 6-2-20　管道光缆接头盒

③余缆应用波纹塑料管保护并紧贴人孔壁或人孔托架,盘成 O 形圈,并用扎线固定,光缆固定后的曲率半径应不小于光缆直径的 10 倍。

5. 光缆引上安装

本工程光缆要沿墙壁引上安装,墙壁引上管的安装距离距墙角应>1 m,引上管应紧贴墙壁安装,如图 6-2-21 所示。固定方式、方法视引上管的数量和墙壁质量确定。光缆引上管可采用铸铁、镀锌或喷塑管,规格应符合设计要求(一般采用直径 80～100 mm),安装高度由地面到光缆引口≥2.5 m,如图 6-2-22 所示。光缆引上管上部光缆出口处可采用热可缩等方法将管口封堵,以免雨水倒灌人孔及昆虫进入。

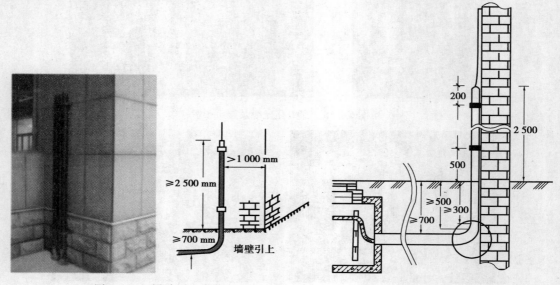

图 6-2-21　沿墙引上安装　　　　　图 6-2-22　引上管安装要求

6. 墙壁引入

光缆从砖混建筑物地下基础引入室内时,应采取钢管保护,室内的出土引上点符合设备安装的整体布局要求,如图 6-2-23 所示。光缆从砖混建筑物的墙壁上钻孔引入室内时,应采取塑料子管保护,引入点要高于 2.5 m,引入光缆要求内高外低,墙壁引入嵌入钢管或应塑管后将室内外留出喇叭口状,塑料子管在室内留出的长度<150 m,如图 6-2-24(a)所示。光缆引入活动房时,应在引入孔预置塑料管保护光缆,室外留好泛水湾。光缆软吊线引入长度应小于 30 m,软吊线规格应采用 7/2.2 mm 钢绞线,如图 6-2-24(b)所示。

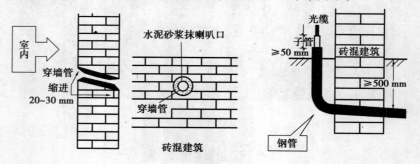

图 6-2-23　光缆从地下引入

164

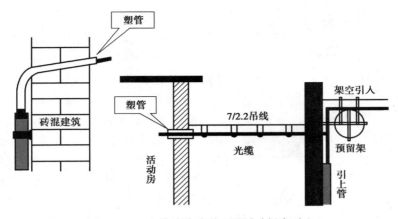

图 6-2-24　光缆从墙壁引入及活动板房引入

7. 室内敷设光缆

①室内光缆一般从楼前人孔经地下进线室引至光端机。由于路由复杂,宜采用人工布放方式。布放时上下楼道及每个拐弯处应设专人,按统一指挥牵引,牵引中保持光缆呈松弛状态,严禁出现打小圈和死弯。

②室内光缆应作标志,以便识别,标志制作方法同电缆。

③光缆在进线室内应选择安全的位置,当处于易受外界损伤的位置时,应采取保护措施。

④光缆经由走线架、拐弯点(前、后)应予绑扎。上下走道或爬墙的绑扎部位,应垫胶管,避免光缆受侧压。

⑤按规定预留在端机侧的光缆,可以留在光端机室或电缆进线室。有特殊要求预留的光缆,应按设计要求留足。

8. 光纤熔接技术

光纤连接采用熔接方式。熔接是通过将光纤的端面熔化后将两根光纤连接到一起的,这个过程与金属线焊接类似,通常要用电弧来完成,如图 6-2-25 所示。

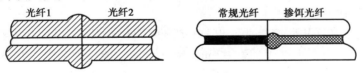

图 6-2-25　光纤熔接原理

光纤熔接具体步骤如下:

(1)剥光缆,并将光缆固定到接续盒内

在开剥光缆之前应去除施工时受损变形的部分,使用专用开剥工具,将光缆外护套开剥长度 1 m 左右,如遇铠装光缆时,用老虎钳将铠装光缆护套里护缆钢丝夹住,利用钢丝线缆外护套开剥,并将光缆固定到接续盒内,用卫生纸将油膏擦拭干净后,穿入接续盒。固定钢丝时一定要压紧,不能有松动。否则,有可能造成光缆打滚折断纤芯。

(2)分纤

将光纤分别穿过热缩管,如图 6-2-26 所示。将不同束管、不同颜色的光纤分开,穿过热缩管。剥去涂覆层的光纤很脆弱,使用热缩管,可以保护光纤熔接头。

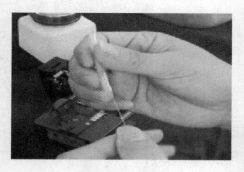

图 6-2-26  分纸

（3）准备熔接机

打开熔接机电源,采用预置的程式进行熔接,并在使用中和使用后及时去除熔接机中的灰尘,特别是夹具、各镜面和 V 形槽内的粉尘和光纤碎末。

（4）制作对接光纤端面

光纤端面制作的好坏将直接影响光纤对接后传输的质量,因此在熔接前一定要作好被要熔接光纤的端面。首先用光纤熔接机配置的光纤专用剥线钳剥去光纤纤芯上的涂覆层,再用蘸酒精的清洁棉在裸纤上擦拭几次,用力要适度,如图 6-2-27（a）所示,然后用精密光纤切割刀切割光纤,切割长度一般为 10～15 mm,如图 6-2-27（b）所示。

（a）用剥线钳去除纤芯涂覆层          （b）用光纤切割刀切割光纤

图 6-2-27  制作对接光纤端面

（5）放置光纤

将光纤放在熔接机的 V 形槽中,小心压上光纤压板和光纤夹具,要根据光纤切割长度设置光纤在压板中的位置,一般将对接的光纤的切割面基本都靠近电极尖端位置,如图 6-2-28（a）所示。关上防风罩,按"SET"键即可自动完成熔接。

（6）移出光纤用加热炉加热热缩管

打开防风罩,把光纤从熔接机上取出,再将热缩管放在裸纤中间,再放到加热炉中加热。加热器可使用 20 mm 微型热缩套管和 40 mm 及 60 mm 一般热缩套管,20 mm 热缩管需 40 s,60 mm 热缩管为 85 s,如图 6-2-28（b）所示。

（a）熔接光纤放置光纤          （b）用加热炉加热热缩

图 6-2-28  加热光纤

（7）盘纤固定

将接续好的光纤盘到光纤收容盘内,在盘纤时,盘圈的半径越大,弧度越大,整个线路的损耗越小。因此要保持一定的半径,使激光在光纤传输时,避免产生一些不必要的损耗。

（8）密封和挂起

如果野外熔接时，接续盒一定要密封好，防止进水。熔接盒进水后，由于光纤及光纤熔接点长期浸泡在水中，可能会先出现部分光纤衰减增加。最好将接续盒做好防水措施并用挂钩挂在吊线上。至此，光纤熔接完成。

9. 光缆端接

光缆在 ODF（光纤配线架）或单设的光缆终端盒作终端时，光缆内的金属构件与 ODF 接地装置接触必须良好，如图 6-2-29（a）所示。接地线严禁成螺旋形布防，如图 6-2-29（b）所示。终端接续后，尾线长度≥0.8 m。安装曲率半径应≥30 mm，盘绕方向应一致，如图 6-2-30、图 6-2-31 所示。

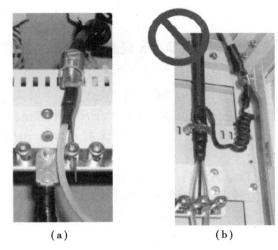

（a）　　　　　　　　　　（b）

图 6-2-29　光缆终端盒接地

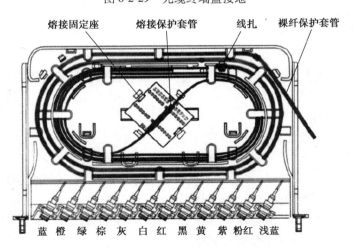

熔接固定座　　熔接保护套管　　线扎　　裸纤保护套管

蓝　橙　绿　棕　灰　白　红　黑　黄　紫　粉红　浅蓝

图 6-2-30　终端盒内部盘线示意图

10. 光纤熔接质量检查

在熔接的整个过程中，保证光纤的熔接质量、减小因盘纤带来的附加损耗和封盒可能对光纤造成的损害，绝不能仅凭肉眼进行判断好坏，要按照以下步骤仔细进行检查：

图 6-2-31　终端盒内部盘线实物图

①熔接过程中对每一芯光纤进行实时跟踪监测,检查每一个熔接点的质量。

②每次盘纤后,对所盘光纤进行例检,以确定盘纤带来的附加损耗。

③封接续盒前对所有光纤进行统一测定,查明有无漏测和光纤预留空间对光纤及接头有无挤压。

④封盒后,对所有光纤进行最后监测,以检查封盒是否对光纤有损害。

影响光纤熔接损耗的因素较多,大体可分为光纤本征因素和非本征因素两类:

①光纤本征因素是指光纤自身因素,主要有 4 点:

a. 光纤模场直径不一致。

b. 两根光纤芯径失配。

c. 纤芯截面不圆。

d. 纤芯与包层同心度不佳。

②影响光纤接续损耗的非本征因素即接续技术:

a. 轴心错位:单模光纤纤芯很细,两根对接光纤轴心错位会影响接续损耗。

b. 轴心倾斜:当光纤断面倾斜 1°时,约产生 0.6 dB 的接续损耗,如果要求接续损耗小于等于 0.1 dB,则单模光纤的倾角应小于等于 0.3°。

c. 端面分离:活动连接器的连接不好,很容易产生端面分离,造成连接损耗较大。

d. 端面质量:光纤端面的平整度差时也会产生损耗,甚至气泡。

e. 接续点附近光纤物理变形:光缆在架设过程中的拉伸变形,接续盒中夹固光缆压力太大等,都会对接续损耗有影响,甚至熔接几次都不能改善。

另外,接续人员操作水平、操作步骤、盘纤工艺水平、熔接机中电极清洁程度、熔接参数设置、工作环境清洁程度等均会影响到熔接损耗的值。

11. 光纤传输链路测试

光纤传输链路测试是光缆布线系统工程验收的必要步骤。GB 50312—2007《综合布线工程验收规范(含条文说明)》中明确了光纤传输链路测试方法,目前在工程中常用的是光时域反射损耗测试(OTDR)方法。

衡量光纤传输链路好坏有以下几个重要参数:端到端光纤链路损耗、每单位长度的衰减速率、光缆长度、每单位长度光纤损耗的线性(衰减不连续性)、反射或者光回损(ORL)、色散(CD)、极化模式色散(PMD)、衰减特性(AP)等。

光缆测试方法有连通性测试、收发功率测试和反射损耗测试3种。

(1)连通性测试

连通性测试是最简单的测试方法,只需在光纤一端导入光线(如红光激光笔),最远可达大约5 000 km的距离,通过发送可见光,技术人员在光纤的另外一端查看是否有红光即可(注意保护眼睛,不可直视光源),有光闪表示连通,看不到光即可判定光缆中的断裂与弯曲。此测试方式对尾纤、跳线或者光纤段连续性测试非常有用,在对使用要求不高的项目中经常被采用作为验收标准。

(2)收发功率测试

收发功率测试是测定布线系统光纤链路的有效方法,使用的设备主要是光纤功率测试仪和一段跳接线。在实际应用中,链路的两端可能相距很远,但只要测得发送端和接收端的光功率,即可判定光纤链路的状况。

具体操作过程如下:在发送端将测试光纤取下,用跳接线取而代之,跳接线一端为原来的发送器,另一端为光功率测试仪,如图6-2-32所示。使光发送器工作,即可在光功率测试仪上测得发送端的光功率值。在接收端,用跳接线取代原来的跳线,接上光功率测试仪,在发送端的光发送器工作的情况下,即可测得接收端的光功率值。发送端与接收端的光功率值之差,就是该光纤链路所产生的损耗。

(3)光时域反射损耗测试(OTDR)

光时域反射计(OTDR)是一个用于确定光纤与光网络特性的光纤测试仪,OTDR的目的是检测、定位与测量光纤链路的任何位置上的事件。OTDR的主要优

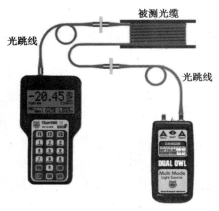

图6-2-32 收发功率测试

点是它能够作为一个一维的雷达系统,能够仅由光纤的一端获得完整的光纤特性,OTDR的分辨力为4~40 cm。OTDR是光纤线路检修非常有效的手段,它使用光纤时间区域反射仪(OTDR)来完成测试工作,基本原理就是利用导入光与反射光的时间差来测定距离,如此可以准确判定故障的位置。OTDR将探测脉冲注入光纤,在反射光的基础上估计光纤长度。OTDR测试适用于故障定位,特别是用于确定光缆断开或损坏的位置。OTDR测试文档对网络诊断和网络扩展提供了重要数据。采用OTDR能够为技术人员提供光纤特性的图形化、永久性的记录。

OTDR测试又可以分为3种常见方式:

①不使用发射与接收光缆的验收测试,如图6-2-33所示。

这种测试方式可以测试被测光缆,但是由于被测光缆的前、后端没有连接发射光缆,前、后的连接器不能被测试。在这种情况下,不能提供一个参考的后向散信号。因此,不能确定端点连接器点的损耗。为了解决这一问题,在OTDR的发射位置(前端)以及被测光纤的接收位置(远端)上加上一段光缆。

②使用发射与接收光缆的验收测试,如图6-2-34所示。

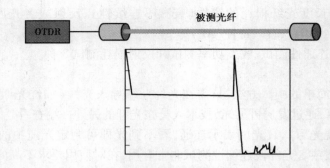

图 6-2-33　不使用发射与接收光缆的验收测试

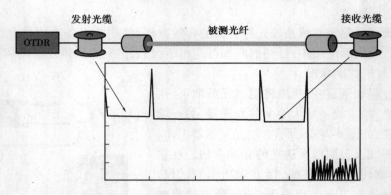

图 6-2-34　使用发射与接收光缆的验收测试

这种方式由于加上了发射与接收光缆,可以测试被测光缆的整条链路,以及所有的连接点。发射光缆的长度:多模测试通常在 300～500 m;单模测试通常在 1 000～2 000 m。非常重要的一点是发射与接收光缆应该与被测光缆相匹配(类型、芯径等)。

③使用发射与接收光缆的环回测试,如图 6-2-35 所示。

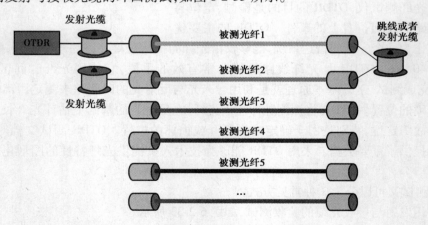

图 6-2-35　使用发射与接收光缆的环回测试

这种方式可以测试被测光缆的整条链路,以及所有的连接点。由于采用环回测量方法,技术人员仅需要一台 OTDR 用于双向 OTDR 测量。在光纤的一端(近端)执行 OTDR 数据读取。一次可以同时测试两根光缆,所有数据读取时间被减为 1/2。测试人员需要两人,一人在近端 OTDR

位置,另一人位于光缆另一端,采用跳线或者发射光缆将测试的两根光缆链路进行连接。

GB 50312—2007《综合布线工程验收规范(含条文说明)》中对光纤测试极限值作了规定,光纤链路的插入损耗极限值可用以下公式计算:

光纤链路损耗=光纤损耗+转接器损耗+光纤连接点损耗

光纤损耗=光纤损耗系数(dB/km)×光纤长度(km)

连接器件损耗=连接器件损耗/个×连接器件个数

光纤连接点损耗=光纤连接点损耗/个×光纤连接点个数

光纤链路测试结果用轨迹图进行直观查看,如图 6-2-36 所示是一张典型的 OTDR 轨迹图,显示了传输链路上各个点的衰减情况。

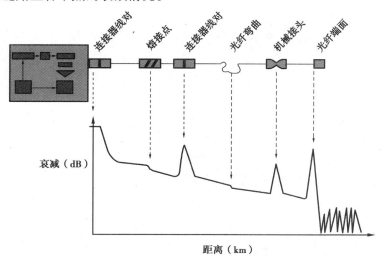

图 6-2-36　轨迹图

### 12. 光电转换器连接

光纤链路测试完成之后,制作一条光纤跳线(跳线长度及跳线两端的连接器根据施工现场设备定,连接器参见图6-1-8),将 ODF 配线架(光端终端盒)和光电转换器连接起来,如图6-2-37 所示。

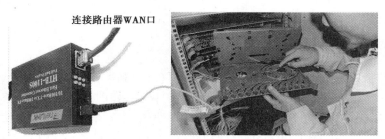

图 6-2-37　光电转换器连接

### 四、任务总结

任务实施过程中,要时刻注意安全。采用分组教学形式,安排每个组员充当不同的角色。由组长进行任务分工,组员合作共同完成任务。教师要随时与学生在一起,及时进行指导,不能让学生单独进行操作。

任务结束后,学生要完成相应的实训报告书。

**思考与练习**

1. 简述光纤跳线的制作步骤。
2. 简述光缆施工敷设的方法及注意事项。
3. 列写从办公楼中心机房到校园总机房,网络传输链路上的设备。
4. 练习:光纤熔接速度竞赛。

## 任务三  理论探索:光纤通信比电缆通信好在哪里

**任务目标**

终极目标:能熟练讲解光纤传输的原理。
促成目标:1. 掌握光纤的分类方法及分类依据。
          2. 了解光纤传输中的几何光学理论和波动理论。

**工作任务**

1. 用红光笔测试一段光缆的通断情况。
2. 用功率计测试一段光缆的损耗情况。

**相关知识**

目前,国家在大力推广"光进铜退",推动网络传输从"窄带+铜缆"的网络向"宽带+光纤"的数字光纤通信网络转变。以光波为载波,光纤为传输媒介的数字通信系统称为数字光纤通信网络系统。数字光纤通信系统传送的是"0""1"脉冲,在光路上用"无光""有光"表示。

### 一、光纤分类

光纤按纤芯折射率分布不同可分为阶跃型光纤(SIF)和渐变型光纤(GIF),按传导模式数量的不同又分为单模光纤(SMF)和多模光纤(MMF)两类,如图 6-3-1 所示。单模光纤适用于长距离、大容量的光纤通信系统,多模光纤适用于中距离、中容量的光纤通信系统。从图 6-3-1 看出,单模光纤中只有一个模式的光信号可以传输,不存在模式之间的时间差;多模阶跃折射率光纤中的传输,不同模式的光信号到达终点所需的时间不相等;多模渐变折射率光纤中的传输,同模式的光信号到达终点所需的时间基本相等。

### 二、光纤传输原理

光具有波粒二象性,光既可以看成粒子流(光子),又可以看成电磁波。因此,分析光纤中

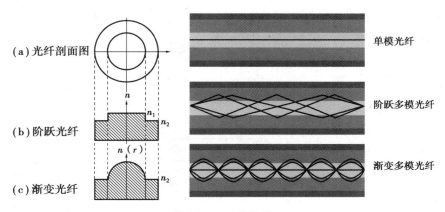

(a)光纤剖面图            单模光纤

(b)阶跃光纤            阶跃多模光纤

(c)渐变光纤            渐变多模光纤

图 6-3-1　光纤分类

光的传输理论也有两套:几何光学(射线)理论和波动光学理论。射线光学理论是用光射线去代替光能量传输路线的方法,这种理论容易得到简单而直观的分析结果,但对于复杂问题,射线光学只能给出比较粗糙的概念。波动光学是把光纤中的光作为经典电磁场来处理,因此,光场必须服从麦克斯韦方程组及全部边界条件。

1.几何光学(射线)理论

光在均匀介质(折射率 $n$ 不变)中是沿直线路径传播的,其传播的速度为:$v=c/n$。式中,$c=3\times10^8$ m/s,是光在真空中的传播速度,$n$ 是介质的折射率(空气的折射率为 1.000 27,近似为 1,玻璃的折射率为 1.45 左右)。在线性介质中(光纤为线性介质),来自不同方向的光线即使在空中相交也能互不影响,按各自原有方向继续前进。

假设有一条管线从玻璃向空气中传播,如图 6-3-2 所示。

由光反射定律可知:$\theta_1=\theta_1'$

由光折射定律可知:$n_1\sin\theta_1=n_2\sin\theta_2$　即:$\theta_1=\theta_c=\sin^{-1}\dfrac{n_2}{n_1}<90°$

由公式可知若 $n_1>n_2$,则入射角 $\theta_1<$ 折射角 $\theta_2$。

当 $\theta_2=90°$ 时对应的入射角 $\theta_1=$ 临界角 $\theta_c$

只要 $\theta_1>\theta_c$,入射光出现全反射,光被限制在 $n_1$ 介质里传播。图 6-3-2　光从玻璃向空气中传播

1)阶跃型光纤传输原理

在阶跃型光纤中,当一束光线从光纤端面耦合进光纤时,光纤中有两种运行的光线:一种是光线始终在一个包含光纤中心轴的平面内传播,并且一个传播周期与中心轴相交两次,这种光线常称为子午线(只有在纤芯界面上产生全反射的子午线才能限制在光纤纤芯中传输),含光纤中心轴的固定平面就称为子午面,如图6-3-3(a)所示。另一种是光线在传播过程中,其传播时的轨迹不在同一个平面内,并不与光纤中心轴相交,这种光线就称为斜射光线,如图6-3-3(b)所示。

(1)数值孔径 NA(Numerical Aperture)

用数值孔径 NA 来表示光纤接收和传输光的能力,NA 越大,表示光纤接收光的能力越强,光源与光纤之间的耦合效率越高,纤芯对入射光能量的束缚越强,光纤抗弯曲特性越好,如图6-3-4 所示。

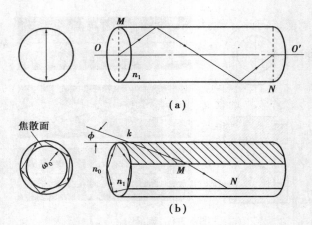

图 6-3-3 光线在光纤端面耦合

图 6-3-4 数值孔径　　　　　图 6-3-5 渐变型光纤中的子午曲线

（2）群时延差

群时延差 $\Delta\tau$ 实际上就是光脉冲经光纤传输以后的信号畸变,可以用光线的时间差来推导得到,$\Delta\tau = T_2 - T_1$（光线 2－光线 1）。

群时延差 $\Delta\tau$ 使光脉冲展宽,即色散。NA 和 $\Delta\tau$ 是一对矛盾的量,必须综合起来考虑,NA 越大,则光纤的集光能力越强,但是其传输光能的能力越小。为减小光纤的色散,采取减小 $\Delta\tau$ 的措施,但受到 $\Delta\tau$ 的极限制约,人们又开发出渐变折射率光纤。

2）渐变型光纤传输原理

在渐变型光纤中,纤芯的折射率不再是均匀分布,而是沿着径向按抛物线形变化,如图 6-3-5 所示。由于渐变折射率光纤沿着径向的折射率是按照抛物线形逐渐减小的,因此其光线传播路径不再是直线,而是抛物线形状。

光纤传输的射线理论分析法可简单直观地得到光线在光纤中传输的物理图像,但由于忽略了光的波动性质,不能了解光场在纤芯、包层中的结构分布。尤其是对单模光纤,由于芯径尺寸小（同光信号波长为一个数量级）,几何光学理论就不能正确处理单模光纤的问题。在光波导理论中,更普遍地采用波动光学的方法,即把光作为电磁波来处理,研究电磁波在光纤中的传输规律,得到光纤中的传播模式、场结构、传输常数和截止条件。

2. 光学波动理论

从波动方程和电磁场的边界条件出发,可以得到全面、正确的解析或数字结果,给出波导中容许的场结构形式（即模式）。波动理论又称为模式理论,用来严格分析光纤的导光原理,运用波动理论的目的是求出光场的表达式,再用电磁场理论找出哪些模式光可以在光纤里传输。

射线理论中,一组光线以不同的入射角进入光纤,通常认为一个传播方向的光线对应一种模式,有时也称之为射线模式,因此可以按入射角来区分模式,并且也以入射角划分模式等级,角度越小则模式等级越低。因此,严格按中心轴线传输的模式称为基模,而其他的分别为低阶模、高阶模。

波动理论中,光纤模式就是光波在光纤中传播的稳定样式,一种电磁场分布(麦克斯韦方程的解)称之为一个模式。一个模式是由它的传输常数 $\beta$ 唯一确定的,传输常数 $\beta$ 即光波矢在光纤轴向的分量。传输常数物理意义:光传输单位距离时,其相位的变化大小。因此,传输常数乘以光在传输方向上的距离就是光波经过这段距离后相位的变化量。

光纤通信中信息就是由传导模传送的,传导模是光纤输入端激起的模式中,能够传输到另一端的传输模式。传导模的传输常数 $\beta$ 满足: $k_0 n_2 < \beta < k_0 n_1$ ( $n_1$ 为纤芯的折射率, $n_2$ 为包层折射率, $k_0$ 为波矢($2\pi/\lambda$ , $\lambda$ 为波长))。如果光的入射角过大,导致光在波导表面产生折射进入包层形成包层模。包层中的电磁场不再衰减,而成为振荡函数,这时传导模已不能集中于光纤纤芯中传播,产生了横向传输,此时的模式称为辐射模,即传导模截止。此时光传播损耗较大,信号衰减严重。

### 三、光纤传输过程

光纤传输系统主要由 3 部分组成:光源(又称光发送机)、传输介质、检测器(又称光接收机)。计算机网络之间的光纤传输中,光源和检测器的工作一般都是用光纤收发器完成的,光纤收发器简单地说就是实现双绞线与光纤连接的设备,其作用是将双绞线所传输的信号转换成能够通过光纤传输的信号(光信号)。当然也是双向的,同样能将光纤传输的信号转换能够在双绞线中传输的信号,实现网络间的数据传输。在普通的视频、音频、数据等传输过程中,光源和检测器的工作一般都是由光端机完成的,光端机就是将多个 E1 信号变成光信号并传输的设备,所谓 E1 是一种中继线路数据传输标准,光端机的主要作用就是实现电—光、光—电的转换。

具体传输过程如图 6-3-6 所示,首先由发光二极管 LED 或注入型激光二极管 ILD 发出光信号沿光媒体传播,在另一端则有 PIN 或 APD 光电二极管作为检波器接收信号。对光载波的调制为移幅键控法,又称亮度调制。典型的做法是在给定的频率下,以光的出现和消失来表示两个二进制数字。发光二极管 LED 和注入型激光二极管 ILD 的信号都可以用这种方法调制,PIN 和 ILD 检波器直接响应亮度调制。在传输线路过长时,需要对光信号进行放大。功率放大:将光放大器置于光发送端之前,以提高入纤的光功率,使整个线路系统的光功率得到提高。在线中继放大:建筑群较大或楼间距离较远时,可起中继放大作用,提高光功率。前置放大:在接收端的光电检测器之后将微信号进行放大,以提高接收能力。

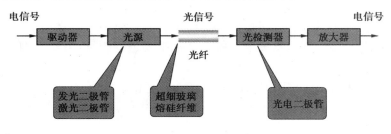

图 6-3-6　光纤传输过程

### 四、光纤通信的优点

光纤通信是利用透明的光纤传输光波,电缆通信是利用金属介质传输电信号。虽然光和电都是电磁波,但频率范围相差很大。一般通信电缆最高使用频率为 9～24 兆赫($10^6$ Hz),光纤工作频率为 $10^{14}$～$10^{15}$ Hz。

光纤通信主要的优点是:①容量大。光纤工作频率比目前电缆使用的工作频率高出 8～9 个数量级,故所开发的容量很大。②衰减小。光纤每千米衰减比目前容量最大的通信同轴电缆的每千米衰减要低一个数量级以上。③体积小,质量轻。同时有利于施工和运输。④ 防干扰性能好。光纤不受强电干扰、电气化铁道干扰和雷电干扰,抗电磁脉冲能力也很强,保密性好。⑤节约有色金属。一般通信电缆要耗用大量的铜、铝或铅等有色金属。光纤本身是非金属,光纤通信的发展将为国家节约大量有色金属。⑥成本低。目前市场上各种电缆金属材料价格不断上涨,而光纤价格却有所下降。这为光纤通信得到迅速发展创造了重要的前提条件。

 **任务实施**

## 一、任务提出

截取两条 5 m 长的光缆,一条保持完好,一条中间用电工刀划伤。分别用红光笔测试两条光缆的通断情况。然后再用光功率计测试两条光缆的损耗情况。

## 二、任务目标

①掌握测试光纤的方法。
②能讲解光纤传输的原理。

## 三、实施步骤

①每位学生分别下发两条 5 m 长的光缆。一条完好,一条有划伤。
②用红光笔测试两条光缆的通断情况,并做好记录。
③按照任务二中所讲的"收发功率测试"的方法,用光功率计分别测试两条光缆的损耗情况,并做好记录。
④将中间有划伤的光缆从划伤处剪断,然后用光纤熔接机进行熔接。熔接完成后,再用红光笔和光功率计进行通断性测试及光损耗情况。
⑤撰写实训报告。

## 四、任务总结

任务实施过程中,要时刻注意安全。每个学生都要进行测量,由学生讲解自己的测量结果,并进行分析。老师集中所有学生的数据,算出各参数的平均值。
任务结束后,学生要完成相应的实训报告书。

 **思考与练习**

1.简述光纤通信的优点。
2.几何光学理论和波动理论分别讲解了光纤的哪些参数?
3.思考:光纤传播速度是否跟光纤纤芯粗细有关,为什么?

# 项目七
## 办公室到校园总机房通信线路安装工程验收

对网络工程验收是施工方向用户方移交的正式手续,也是用户对工程的认可。验收是用户对网络工程施工工作的认可,检查工程施工是否符合设计要求和符合有关施工规范,如图 7-0-1 所示。用户要确认:工程是否达到了原来的设计目标? 质量是否符合要求? 有没有不符合原设计的有关施工规范的地方?

图 7-0-1 网络工程验收

网络工程验收主要以 GB 50339—2013《智能建筑工程质量验收规范》、GB 50312—2007《综合布线系统工程验收规范》《综合布线系统工程设计规范》(GB 50311—2007)等国家标准为依据,再结合地方标准要求,对通信网络施工情况进行检查。

通信网络工程施工一般是分两部分进行:第一部分是物理验收;第二部分是文档验收。

## 任务一 办公室到校园总机房通信线路安装工程物理验收

**任务目标**

终极目标:会按国家标准进行通信网络工程物理验收。

促成目标:1.掌握通信网络工程物理验收的内容。

　　　　　2.掌握通信网络工程物理验收的方法。

## 工作任务

1. 对办公室到校园总机房通信线路安装工程进行验收。
2. 填写相应的验收表格。

## 相关知识

### 一、环境验收

环境检查是指对管理间、设备间、工作区的建筑和环境条件进行检查。检查内容包括：

管理间、设备间、工作区土建工程是否已全部竣工；房屋地面是否平整、光洁，门的高度和宽度是否妨碍设备和器材的搬运；门锁和钥匙是否齐全。房屋预埋地槽、暗管及孔洞和竖井的位置、数量、尺寸是否均符合设计要求。铺设活动地板的场所、活动地板防静电措施中的接地是否符合设计要求。管理间、设备间是否提供了 220 V 单相带地电源插座。管理间、设备间是否提供了可靠的接地装置，设置接地体时，检查接地电阻值及接地装置是否符合设计要求。管理间、设备间的面积，通风及环境温度、湿度是否符合设计要求。地面、墙面、天花板内、电源插座、信息模块座和接地装置等要素的设计与要求。

### 二、器材检查

器材检查主要指对各种布线材料的检查，包括各种缆线、接插件、管材及辅助配件。

1. 器件的检查要求

对于工程所用缆线器材的型号、规格、数量、质量在施工前应进行检查，无出厂检验证明的材料不得在工程中使用。经检查的器材应做好记录，对不合格的器件应单独存放，以备核查与处理。工程中使用的缆线、器材应与订货合同的要求相符，或与封存的产品在规格、型号、等级上相符。备品、备件及各类资料应齐全。

2. 型材、管材与铁件的检查要求

各种型材的材质、规格、型号应符合设计文件的规定，表面应光滑、平整，不得变形、断裂。管材采用钢管、硬质聚氯乙烯管时，其管身应光滑、无伤痕，管孔无变形，孔径、壁厚应符合设计要求。管道采用水泥管时，应按通信管道工程施工及验收中的相关规定进行检查。各种铁件的材质、规格均应符合质量标准，不得有歪斜、扭曲、飞刺、断裂或破损等现象。铁件的表面处理和镀层应均匀、完整，表面光洁，无脱落、气泡等缺陷。

3. 缆线的检查要求

工程使用的双绞线电缆和光缆类型、规格应符合设计的规定和合同要求。电缆所附标志、标签的内容应齐全、清晰。电缆外护线套需完整无损，电缆应附有出厂质量检验合格证。电缆的电气性能抽验应从本批量电缆中的任意三盘中各截出 100 m 的长度，并对工程中所选用的接插件进行抽样测试，并作测试记录。光缆开盘后应先检查光缆外表有无损伤，光缆端头封装是否良好。综合布线系统工程采用光缆时，应检查光缆合格证及其检验测试数据。

检查光纤接插软线两端的活动连接器（活接头）端面应装配有合适的保护盖帽。每根光纤接插软线中光纤的类型应有明显的标记,选用光纤接插软线时应符合设计要求。

4.接插件的检查要求

配线模块和信息插座及其他接插件的部件应完整,检查塑料材质应满足设计要求。保安单元过压、过流保护的各项指标应符合有关规定。光纤插座的连接器的使用形式、数量和位置应与设计相符。光缆、电缆交接设备的型号、规格应符合设计要求。光缆、电缆交接设备的编排及标志名称应与设计相符。各类标志应统一,标志位置正确、清晰。

### 三、设备安装检查

1.机柜、机架的安装要求

机柜、机架安装完毕后,垂直偏差度应不大于3 mm。机柜、机架安装位置应符合设计要求。机柜、机架上的各种零件不得脱落或碰坏,漆面如有脱落应予以补漆,各种标志应完整、清晰。机柜、机架的安装应牢固,如有抗震要求时,应按施工图的抗震设计进行加固。

2.各类配线部件的安装要求

各部件应完整,安装就位,标志齐全。安装螺丝必须拧紧,面板应保持在一个平面上。

3.8位模块式通用插座的安装要求

8位模块式通用插座应将其安装在活动地板或地面上,且固定在接线盒内,插座面板采用直立和水平等形式;接线盒盖可开启,并应具有防水、防尘、抗压功能。接线盒盖面应与地面齐平。8位模块式通用插座、多用户信息插座或集合点配线模块的安装位置应符合设计要求。8位模块式通用插座底座盒的固定方法应按施工现场条件而定,宜采用预置扩张螺丝钉固定等方式。固定螺丝需拧紧,不应产生松动现象。各种插座面板应有标志,以颜色、图形、文字表示所接终端设备类型。

4.电缆桥架及线槽的安装要求

桥架及线槽的安装位置应符合施工图规定,左右偏差不应超过50 mm;桥架及线槽水平度每米偏差不应超过2 mm;垂直桥架及线槽应与地面保持垂直,并且无倾斜现象,垂直度偏差不应超过3 mm;线槽截断处及两线槽拼接处应平滑、无毛刺;吊架和支架安装应保持垂直,整齐牢固,无歪斜现象;金属桥架及线槽节与节间应接触良好,安装牢固。安装机柜、机架、配线设备屏蔽层及金属钢管、线槽使用的接地体应符合设计要求,就近接地,并应保持良好的电气连接。

### 四、缆线的敷设与保护方式检查

1.缆线敷设的规定

缆线的型号、规格应与设计规定相符。缆线的布放应自然平直,不得产生扭绞、打圈、接头等现象,不应受外力的挤压和损伤。缆线两端应贴有标签,应标明编号,标签书写应清晰、端正、正确,标签应选用不易损坏的材料。缆线终接后应有余量。交接间、设备间对绞电缆预留长度宜为0.5~1.0 m,工作区宜为10~30 mm;光缆布放宜留长度为3~5 m,有特殊要求的应按设计要求预留长度。

2.缆线弯曲半径的规定

①非屏蔽4对双绞线电缆的弯曲半径应至少为电缆外径的4倍。

②屏蔽4对双绞线电缆的弯曲半径应至少为电缆外径的6~10倍。

③主干对绞电缆的弯曲半径应至少为电缆外径的 10 倍。

④光缆的弯曲半径应至少为光缆外径的 15 倍。

⑤电源线、综合布线系统缆线应分隔布放,缆线间的最小净距应符合设计要求,并应符合规定。

⑥建筑物内电缆、光缆暗管的敷设与其他管线的最小净距应符合规定。

⑦在暗管或线槽中缆线敷设完毕后,宜在信道两端口的出口处用填充材料进行封堵。

3. 设置电缆桥架和线槽敷设缆线的规定

电缆线槽、桥架宜高出地面 2.2 m 以上;线槽和桥架顶部距楼板不宜小于 30 mm;在过梁或其他障碍物处,不宜小于 50 mm。槽内缆线布放应顺直,尽量不交叉,在缆线进出线槽部位及转弯处应绑扎固定,其水平部分缆线可以不绑扎。电缆桥架内缆线垂直敷设时,缆线的上端和每隔 1.5 m 处应固定在桥架的支架上;水平敷设时,在缆线的首、尾、转弯及每隔 5～10 m 处进行固定。在水平、垂直桥架和垂直线槽中敷设缆线时,应对缆线进行绑扎。楼内光缆宜在金属线槽中敷设,在桥架敷设时应在绑扎固定段加装垫套。采用吊顶支撑柱作为线槽在顶棚内敷设缆线时,每根支撑柱所辖范围内的缆线可以不设置线槽进行布放,但应分束绑扎。缆线护套应阻燃,缆线选用应符合设计要求。建筑群子系统采用架空、管道、直埋、墙壁及暗管敷设电缆、光缆的施工技术要求,应按照本地网通信线路工程验收的相关规定执行。

4. 水平子系统缆线的敷设保护要求

(1)预埋金属线槽的保护要求

①在建筑物中预埋线槽宜按单层设置,每一路由预埋线槽不应超过 3 根,线槽截面高度不宜超过 25 mm,总宽度不宜超过 300 mm。

②线槽直埋长度超过 30 m 或在线槽路由有交叉、转弯时,宜设置过线盒,以便于布放缆线和维修。

③过线盒盖能开启,并与地面齐平,盒盖处应具有防水功能。

④过线盒和接线盒盒盖应能抗压。

⑤从金属线槽至信息插座接线盒间的缆线宜采用金属软管敷设。

(2)预埋暗管的保护要求

①预埋在墙体中的最大管径不宜超过 50 mm,楼板中暗管的最大管径不宜超过 25 mm。

②直线布管每 30 m 处应设置过线盒装置。

③暗管的转弯角度应大于 90°,在路径上每根暗管的转弯角度不得多于两个,并不应有 S 形弯出现。

④暗管转弯的曲率半径不应小于该管外径的 6 倍。

⑤暗管管口应光滑,并加有护口保护,管口伸出部位宜为 25～50 mm。

(3)网络地板缆线的敷设保护要求

①线槽之间应沟通。

②线槽盖板应可开启,并采用金属材料。

③主线槽的宽度由网络地板盖板的宽度而定,一般宜在 200 mm 左右;支线槽宽不宜小于 70 mm。

④地板块应抗压,抗冲击和阻燃。

（4）设置缆线桥架和缆线线槽的保护要求

①桥架水平敷设时,支撑间距一般为1.5~3 m;垂直敷设时,固定在建筑物体上的间距宜小于2 m,距地1.8 m以下部分应加金属盖板保护。

②金属线槽敷设时,在线槽接头处,每间距3 m处,离开线槽两端出口0.5 m处和转弯处设置支架或吊架。

③塑料线槽槽底固定点间距一般宜为1 m。

④敷设缆线时,如果使用活动地板,活动地板内净空应为150~300 mm。

⑤采用公用立柱作为顶棚支撑柱时,可在立柱中布放缆线。

⑥金属线槽接地应符合设计要求。

⑦金属线槽、缆线桥架穿过墙体或楼板时,应有防火措施。

5.干线子系统缆线的敷设保护要求

缆线不得布放在电梯或供水、供气、供暖管道竖井中,也不应布放在强电竖井中。干线通道间应沟通。建筑群子系统缆线的敷设保护方式应符合设计的要求。

## 五、缆线终接检查

1.缆线终接的要求

缆线在终接前,必须核对缆线标志内容是否正确。缆线中间不允许有接头。缆线终接处必须牢固,接触良好。缆线终接应符合设计和施工操作规程。进行双绞线电缆与插接件连接时应认准线号、线位色标,不得颠倒和错接。

2.双绞线电缆芯线终接的要求

终接时,每对双绞线应保持扭绞状态,扭绞松开长度对于五类线不应大于13 mm。

3.光缆芯线终接的要求

应采用光纤连接盒对光纤进行连接、保护,连接盒中光纤的弯曲半径应符合安装工艺的要求。光纤熔接处应加以保护和固定,使用连接器以便于光纤的跳接。光纤连接盒面板应有标志。光纤连接损耗值应符合规定。

4.各类跳线终接的要求

各类跳线缆线和接插件间接触应良好,接线无误,标志齐全。跳线选用类型应符合系统设计要求。各类跳线长度应符合设计要求,一般对绞电缆跳线不应超过5 m,光缆跳线不应超过10 m。

## 六、系统测试验收

系统测试验收就是由甲方组织的专家组对信息点进行有选择的测试,检验测试结果。

1.电缆的性能测试

系统测试验收就是由甲方组织的专家组对信息点进行有选择的测试,检验测试结果。

①五类线要求:接线图、长度、衰减和近端串扰要符合规范。

②超五类线要求:接线图、长度、衰减、近端串扰、时延和时延差要符合规范。

③六类线要求:接线图、长度、衰减、近端串扰、时延、时延差、综合近端串扰、回波损耗、等效远端串扰和综合远端串扰要符合规范。

（1）接线图

接线图的测试是主要测试水平电缆终接在工作区或电信间配线设备的8位模块式通用插

座的安装连接正确或错误。

正确的线对组合为:1/2,3/6,4/5,7/8,如图 7-1-1 所示。分为非屏蔽和屏蔽两类,对于非 RJ45 的连接方式按相关规定要求列出结果。

在网络综合布线过程中,由于施工人员技术水平参差不齐,可能会出现各种不正确的接线方法,具体如图 7-1-2 所示。

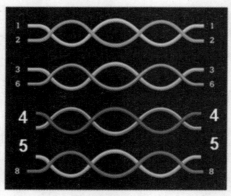

图 7-1-1　双绞线线对

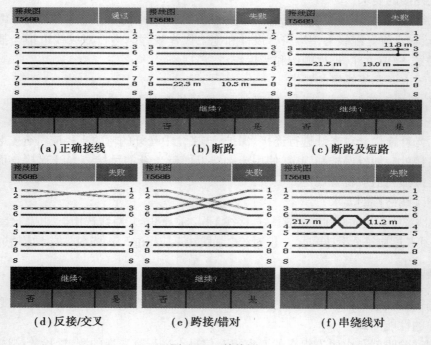

(a)正确接线　　　　　(b)断路　　　　　(c)断路及短路

(d)反接/交叉　　　　　(e)跨接/错对　　　　　(f)串绕线对

图 7-1-2　接线图

(2)长度

长度为绕线的长度,并非物理距离,绕对之间长度可能有细微差别(对绞绞距的差别),允许的最大长度测量误差为 10%,当测试仪以"＊"显示长度时,则表示为临界值,表明在测试结果接近极限时长度测试结果不可信,要引起用户和施工者注意。长度的标准为 100 m(信道)和 90 m(永久链路),不要安装超过 100 m 的站点,特殊情况要有记录,测量双绞线长度时,通常采用 TDR(时域反射分析)测试技术,如图 7-1-3 所示。

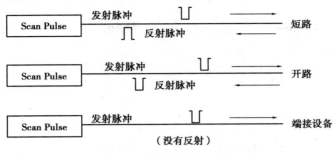

图 7-1-3　TDR 技术测长度

(3)回波损耗

回波损耗(RL)是线缆与接插件构成布线链路阻抗不匹配导致的一部分能量反射,如图 7-1-4 所示。被反射到发送端的能量会形成噪声,使信号失真,降低了通信链路的传输性能。

回波损耗 = 发送信号/反射信号

回波损耗越大,则反射信号越小,意味着通道采用的电缆和相关连接硬件阻抗一致性越好,传输信号越完整,在信道上的噪声越小,因此回波损耗越大越好。

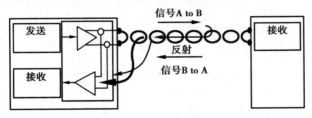

图 7-1-4　回波损耗

(4)衰减

衰减也称为插入损耗(IL),是指发射器与接收机之间,插入电缆或元件产生的信号损耗,如图 7-1-5 所示。插入损耗以接收信号电平的对应分贝(dB)来表示。电缆越长,链路的衰减就会越明显。与电缆链路衰减相比,其他布线部件所造成的衰减要小得多。衰减不仅与信号传输距离有关,而且由于传输信道阻抗存在,它会随着信号频率的增加,而使信号的高频分量衰减加大,这主要由集肤效应所决定,它与频率的平方根成正比。

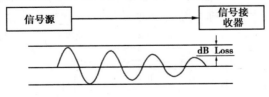

图 7-1-5　衰减示意图

(5)近端串扰

近端串扰也称串音,是同一电缆的一个线对中的信号在传输时耦合进其他线对中的能量,如图 7-1-6 所示。近端串扰是测量来自其他线对泄漏过来的信号,是在信号发送端进行测量。近端串扰与端接工艺密切相关,双绞线的两条导线绞合在一起后,因为相位相差 180°而抵消相互间的信号干扰,绞距越近抵消效果越好,也就越能支持较高的数据传输速率。在端接施工

183

时,为减少串扰,打开铰接的长度不能超过 13 mm。

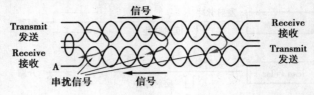

图 7-1-6    近端串扰

（6）综合近端串扰

近端串音是一对发送信号的线对对被测线对在近端的串扰,实际上,在 4 对双绞线电缆中,当其他 3 个线对都发送信号时也会对被测线对产生串扰。因此在 4 对电缆中,3 个发送信号的线对向另一相邻接收线对产生的总串扰就称为综合近端串扰,如图 7-1-7 所示。只有超五类以上电缆中才要求测试它,这种测试在用多个线对传送信号的 100 Base-T4 和 1 000 Base-T 等高速以太网中非常重要。因为电缆中多个传送信号的线对把更多的能量耦合到接收线对,在测量中近端串音功率和损耗值要低于同种电缆线对间的近端串音损耗值。

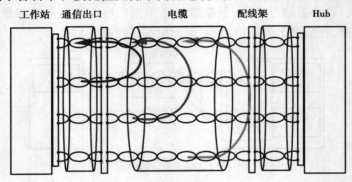

图 7-1-7    综合近端串扰

（7）远端串扰

与近端串扰定义相类似,远端串扰是信号从近端发出,而在链路的另一侧（远端）,发送信号的线对向其同侧其他相邻（接收）线对通过电磁感应耦合而造成的串扰,如图 7-1-8 所示。因为信号的强度与它所产生的串扰及信号的衰减有关,所以电缆长度对测量到的远端串扰值影响很大。实际测量时用某线对上远端串扰损耗与该线路传输信号的衰减差,也称为远端ACR。减去衰减后的远端串扰也称为同电位远端串扰,它比较真实地反映在远端的串扰值。

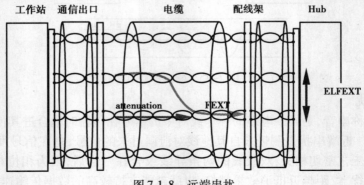

图 7-1-8    远端串扰

（8）综合远端串扰

综合远端串扰是几个同时传输信号的线对在接收线对形成的远端串扰总和，如图7-1-9所示。对4对UTP而言，它组合了其他3对线对第4对线的远端串扰影响。

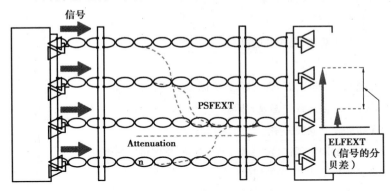

图7-1-9　综合远端串扰

（9）时延和时延差

传输时延是信号在电缆线对中传输时所需要的时间。传输时延随着电缆长度的增加而增加，测量标准是指信号在100 m电缆上的传输时间，单位是纳秒（ns），它是衡量信号在电缆中传输快慢的物理量。

时延差是指同一UTP电缆中传输速度最快的线对和传输速度最慢线对的传输时延差值，它以同一缆线中信号传播延迟最小的线对的时延值作为参考，其余线对与参考线对都有时延差值。最大的时延差值即是电缆的延迟偏离。

2. 光纤的性能测试

测试光纤类型（单模/多模、根数等）是否正确；衰减；反射；系统接地要求等。

光纤链路的测试详见项目六中的任务二。

**任务实施**

**一、任务提出**

根据国家标准要求，对本工程（即办公室到校园总机房）的通信线路进行验收，并填写相应的验收记录表。

**二、任务目标**

①会对通信线路施工工程进行验收。

②会按国际标准设计验收表格，并能正确填写。

**三、实施步骤**

以本工程校园综合布线系统为例，完成综合布线系统的物理验收，并填写下列各表。

1. 机架安装验收

完成机架安装验收，并填写表7-1-1。

表 7-1-1　机架安装验收表

| 验收内容 | 检查结论 |
|---|---|
| 机架安放位置是否符合图纸和设计要求 | |
| 机架安放完毕后整体是否牢固 | |
| 机架安放完毕后是否清理现场,是否有遗留工具和杂物 | |
| 机架内是否清洁,是否遗留有杂物 | |
| 整机表面是否干净整洁,外部漆饰是否完好,各种标志是否正确、清晰、齐全 | |
| 机架内及各单板内是否有多余或非正规的标签 | |
| 各空挡板及各空单板条是否安装完整 | |
| 机架内各设备及空挡板的固定螺钉是否紧固,是否齐全,螺钉型号是否统一 | |
| 各单板的面板螺钉是否松紧适度,弹簧钢丝是否完好 | |
| 各设备的承重托盘是否水平,与前面板的固定螺钉是否配合良好 | |
| 走线挡板及上走线窗是否安装线圈,安装是否稳妥 | |
| 验收结论: | 日期: |

| 参加验收人员签字: | 施工单位: |
| | 监理单位: |
| | 建设单位: |

## 2. 线缆工艺验收

完成线缆工艺验收,并填写表 7-1-2。

表 7-1-2　线缆工艺验收表

| 验收内容 | 检查结论 |
|---|---|
| 线缆的实际施工是否与设计相符 | |
| 线缆的布放是否便于维护和将来扩容 | |
| 线缆是否松紧适度 | |
| 线缆两端是否标志清晰 | |
| 多余线缆是否盘放有序 | |
| 线缆布放是否整齐、美观、无交叉 | |
| 线缆绑扎工艺是否良好 | |
| 线缆有无明显破损、断裂 | |
| 暂时不用的光纤是否头部加有护套 | |
| 线缆头及转接头是否卡接牢靠 | |
| 现场做头是否规范、美观 | |
| 验收结论: | 日期: |

| 参加验收人员签字 | 施工单位: |
| | 监理单位: |
| | 建设单位: |

**3.供电系统验收**

完成供电系统验收,并填写表7-1-3。

表7-1-3　供电系统验收表

| 验收内容 | 检查结论 |
|---|---|
| 电源线(及地线)是否与信号线分开布放 | |
| 电源线及地线是否采用整段线料 | |
| 机架内电源插座是否固定稳妥 | |
| 电源模块是否都能正常供电 | |
| 接地方式是否符合规定 | |
| 各电源插座是否尽量不串接 | |
| 验收结论: | 日期: |
| 参加验收人员签字 | 施工单位: |
| | 监理单位: |
| | 建设单位: |

**4.终端设备的安装验收**

完成终端设备的安装验收,并填写表7-1-4。

表7-1-4　终端设备的安装验收表

| 验收内容 | 检查结论 |
|---|---|
| 各终端设备摆放是否符合设计要求 | |
| 机后线缆是否捆绑整齐、合理 | |
| 各终端设备的外壳是否安装、螺钉是否全部拧紧 | |
| 表面是否完好(无破损)、漆饰完好 | |
| 各终端设备是否配置齐全、标志齐全 | |
| 上电运行是否正常,计算机基本操作是否正常 | |
| 光驱读写是否正常 | |
| 键盘、鼠标是否使用正常 | |
| 显示器是否正常 | |
| 终端病毒检查,是否存在病毒 | |
| 验收结论: | 日期: |
| 参加验收人员签字 | 施工单位: |
| | 监理单位: |
| | 建设单位: |

### 四、任务总结

任务实施过程中,要时刻注意安全。采用分组教学形式,安排每个组员充当不同的角色。由组长进行任务分工,组员合作共同完成任务。教师要随时与学生在一起,及时进行指导,不能让学生单独进行操作。

任务结束后,学生要完成相应的实训报告书。

 **思考与练习**

1. 综合布线验收的技术标准是什么?
2. 综合布线验收一般有哪几个阶段?
3. 综合布线验收时,环境检查内容有哪些?
4. 电缆桥架及线槽的安装要求有哪几项?
5. 对绞电缆芯线终接的要求是什么?
6. 如何组织一次竣工验收?
7. 竣工验收中竣工技术文档有哪些内容?

## 任务二　办公室到校园总机房通信线路安装工程文档验收

 **任务目标**

终极目标:会按国家标准进行通信网络工程文档验收。
促成目标:1. 掌握通信网络工程文档验收的内容。
　　　　　2. 掌握通信网络工程文档验收的方法。

 **工作任务**

1. 参观校园档案室,查看校园弱电系统施工工程档案文件。
2. 列写弱电系统施工工程档案文件名称。

 **相关知识**

### 一、综合布线工程验收时应出具的文件

①设备、材料进场报验单及证明文件:由监理工程师签收的设备、材料进场验收文件以及证明文件(合格证、认证文件、制造商证明文件,进口设备需报关单复印件等)。

②施工记录文件:施工期间对施工现场发生事件、施工进度、施工内容的记录文件。

③施工组织设计文件:由监理工程师签字认可。

④技术交底文件:由监理工程师签字认可。

⑤隐蔽工程验收文件:由监理工程师签字认可的相关隐蔽工程验收记录。

⑥测试记录文件:由监理工程师签字认可的测试报告。

⑦竣工验收申请文件。

⑧合同复印件。

⑨施工单位资质文件:施工单位的公司营业执照、从事相关专业的资质文件。

⑩设计变更、洽商文件:与设计单位、建设单位的变更、洽商文件,应由设计单位、监理工程师签字认可。

### 二、综合布线工程文档验收内容

文档验收主要是检查乙方是否按协议或合同规定的要求,交付所需要的文档。综合布线系统工程的竣工技术资料文件要保证质量,做到外观整洁、内容齐全、数据准确,主要包括以下内容:

①综合布线系统工程的主要安装工程量,如主干布线的缆线规格和长度、装设楼层配线架的规格和数量等。

②在安装施工中,一些重要部位或关键段落的施工说明,如建筑群配线架和建筑物配线架合用时,它们连接端子的分区和容量等。

③设备、机架和主要部件的数量明细表,即将整个工程中所用的设备、机架和主要部件分别统计,清晰地列出其型号、规格、程式和数量。

④当对施工棚有少量修改时,可利用原工程设计图更改补充,不需再重做竣工图纸。但在施工中改动较大时,则应另做竣工图纸。

⑤综合布线系统工程中各项技术指标和技术要求的测试记录,如缆线的主要电气性能、光缆的光学传输特性等测试数据。

⑥直埋电缆或地下电缆管道等隐蔽工程经工程监理人员认可的签证,以及设备安装和缆线敷设工序告一段落时,经常驻工地代表或工程监理人员随工检查后的证明等原始记录。

⑦综合布线系统工程中如采用计算机辅助设计,应提供程序设计说明和有关数据,以及操作说明、用户手册等文件资料。

⑧在施工过程中,由于各种客观因素,部分变更或修改原有设计或采取相关技术措施时,应提供建设、设计和施工等单位之间对于这些变动情况的协商记录,以及在施工中的检查记录等基础资料。

 **任务实施**

### 一、任务提出

①参观校园档案室,查看校园弱电系统施工工程档案文件。

②认真了解校园弱电系统施工工程档案文件,并作记录。

### 二、任务目标

①能够独自讲出通信网络施工工程所需的档案文件。

②了解各档案文件的内容及用途。

### 三、实施步骤

①由任课教师与学校档案室进行沟通,选择合适的弱电项目工程(已完工的),参观该项目的成套档案文件,并确定参观时间。

②教师要提前对参观对象进行深入了解,提前给学生进行讲解,使学生对参观对象有初步了解。

③学生参观时,要遵守各项规章制度,认真听取档案室管理人员的讲解。

④学生要作好记录,重点了解该项目工程的档案文件名。

⑤撰写参观实训报告。

### 四、任务总结

任务实施过程中,要注意参观秩序。采用分组形式,以便每位学生都能听到管理人员讲解,每位学生都能看到相应的档案文件。教师要随时与学生在一起,不能让学生单独进行操作。

任务结束后,学生要完成相应的实训报告书。

 **思考与练习**

1. 简述综合布线工程验收时,应检查的文件类型。

2. 你认为验收文件中,最重要的是哪个? 为什么?

3. 网上查阅资料,简述技术交底的含义。

## 任务三 理论探索:蓝牙传输与 Wi-Fi 传输有什么不同

 **任务目标**

终极目标:能熟练讲解无线通信的各种协议应用领域。

促成目标:1.了解无线通信的信号传输流程。

2.掌握无线通信的各种协议名称及所属频段。

 **工作任务**

1.用智能手机,测试蓝牙的传输距离。

2.用智能手机,测试 Wi-Fi 的耗电情况。

 **相关知识**

### 一、无线通信

无线通信(Wireless Communication)是利用电磁波信号可以在自由空间中传播的特性进行

信息交换的一种通信方式。近些年信息通信领域中,发展最快、应用最广的就是无线通信技术。在移动中实现的无线通信又通称为移动通信,人们把两者合称为无线移动通信。

无线通信主要包括微波通信和卫星通信。微波是一种无线电波,它传送的距离一般只有几十千米。但微波的频带很宽,通信容量很大。微波通信每隔几十千米要建一个微波中继站。卫星通信是利用通信卫星作为中继站在地面上两个或多个地球站之间或移动体之间建立微波通信联系。如图 7-3-1 所示。

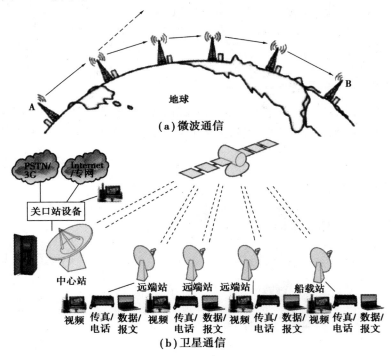

图 7-3-1　无线通信

## 二、无线通信协议

无线宽带通信技术按覆盖范围分类如图 7-3-2 所示。它包括了 5 大类标准:IEEE 802.15(WPAN),IEEE 802.11x(WLAN),IEEE 802.16x(WMAN),IEEE 802.20(MBWA),以及蜂窝移动通信 WWAN。

注:IEEE 为电气和电子工程师协会,是一个国际性的电子技术与信息科学工程师协会。

1. IEEE 802.15(WPAN)

WPAN(Wireless Personal Area Network Communication Technologies)是无线个人局域网通信技术的简称。WPAN 是一种采用无线连接的个人局域网,除了基于蓝牙技术的 802.15 之外,IEEE 还推荐了其他两个类型:低频率的 802.15.4(TG4,也被称为 ZigBee)和高频率的 802.15.3(TG3,也被称为超波段或 UWB)。

(1)RFID

射频识别 RFID(Radio Frequency Identification)技术,又称为无线射频识别,是一种无线通信技术,可通过无线电信号识别特定目标并读写相关数据,而无须识别系统与特定目标之间建

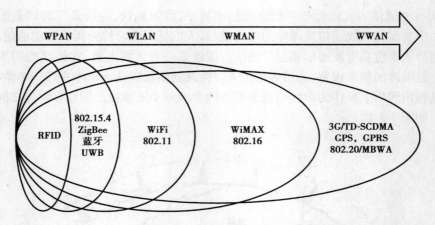

图 7-3-2　无线通信技术标准

立机械或光学接触,如图 7-3-3 所示。RFID 射频信号一般是微波,1 ~ 100 GHz,适用于短距离识别通信。

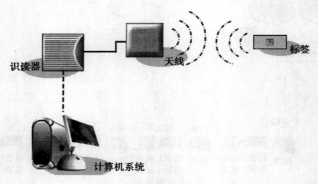

图 7-3-3　RFID 通信系统

无线电的信号是通过调成无线电频率的电磁场,把数据从附着在物品上的电子标签上传送出去,以自动辨识与追踪该物品。某些标签在识别时从识别器发出的电磁场中就可以得到能量,并不需要电池;也有标签本身拥有电源,并可以主动发出无线电波(调成无线电频率的电磁场)。电子标签包含了电子存储的信息,数米之内都可以识别,如图 7-3-4 所示。与条形码不同的是,射频标签不需要处在识别器视线之内,也可以嵌入被追踪物体之内。

图 7-3-4　RFID 电子标签

RFID 技术是构建"物联网"的关键技术,随着物联网技术的井喷式发展,RFID 也将会被广泛应用。目前,已在 ETC、药品溯源、食品溯源、定位追踪、资产管理等方面有了成熟应用。

(2)蓝牙

蓝牙(Bluetooth)是一种无线技术标准,可实现固定设备、移动设备和楼宇个人域网之间的短距离数据交换(使用 2.4~2.485 GHz 的 ISM 波段的 UHF 无线电波),如图 7-3-5 所示。蓝牙技术最初由电信巨头爱立信公司于 1994 年创制,当时是作为 RS232 数据线的替代方案。蓝牙可连接多个设备,克服了数据同步的难题。

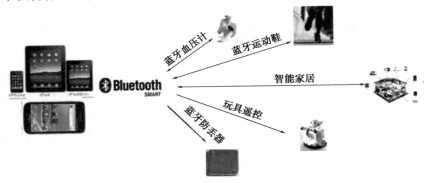

图 7-3-5 蓝牙通信技术

蓝牙主设备最多可与一个微微网(一个采用蓝牙技术的临时计算机网络)中的 7 个设备通信,当然并不是所有设备都能够达到这一最大量。设备之间可通过协议转换角色,从设备也可转换为主设备(比如,一个头戴式耳机如果向手机发起连接请求,它作为连接的发起者,自然就是主设备,但是随后也许会作为从设备运行。)

蓝牙 4.2 版本于 2014 年 12 月发布,它为 IOT(物联网)推出了一些关键性能,是一次硬件更新,新版本更省电、成本更低、实现 3 ms 低延迟、超长有效连接距离,支持 1 Mbps 数据传输率下的超短数据包,最大范围可超过 100 m(不同应用领域,距离不同)。

(3)Zigbee

根据国际标准规定,ZigBee 技术是一种短距离、低功耗、低速的无线通信技术。这一名称(又称紫蜂协议)来源于蜜蜂的八字舞,由于蜜蜂(bee)是靠飞翔和"嗡嗡"(zig)地抖动翅膀的"舞蹈"来与同伴传递花粉所在方位信息,也就是说蜜蜂依靠这样的方式构成了群体中的通信网络。ZigBee 技术的特点是近距离、低复杂度、自组织、低功耗、低数据速率。主要适合用于工业自动控制和家庭无线控制领域,如图 7-3-6 所示,可以嵌入各种设备,使用成本相对便宜。

在蓝牙技术的使用过程中,人们发现蓝牙技术尽管有许多优点,但仍存在许多缺陷。对工业、家庭自动化控制和工业遥测遥控领域而言,蓝牙技术太复杂,功耗大、距离近、组网规模太小等。而工业自动化,对无线数据通信的需求越来越强烈,而且,对于工业现场,这种无线传输必须是高可靠的,并能抵抗工业现场的各种电磁干扰。因此,经过人们长期努力,ZigBee 协议在 2003 年正式问世。

ZigBee 随着工业 4.0 及智能家居技术的蓬勃发展,受到人们越来越广泛的关注。

(4)UWB

UWB(Ultra Wideband)是一种无载波通信技术,利用纳秒至微微秒级的非正弦波窄脉冲传输数据,如图 7-3-7 所示。通过在较宽的频谱上传送极低功率的信号,UWB 能在 10 m 左右

193

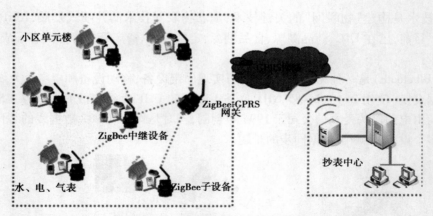

图 7-3-6　基于 ZigBee 的远程抄表

的范围内实现数百 Mbit/s 至数 Gbit/s 的数据传输速率。有人称它为无线电领域的一次革命性进展,认为它将成为未来短距离无线通信的主流技术。

UWB 具有抗干扰性能强、传输速率高、带宽极宽、消耗电能小、发送功率小等诸多优势,早期主要用于雷达技术领域,2002 年 2 月,美国 FCC 批准了 UWB 技术用于民用。现在主要应用于室内通信、高速无线 LAN、家庭网络、无绳电话、安全检测、位置测定、雷达、汽车碰撞实验检测等领域。

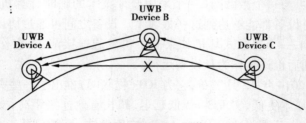

图 7-3-7　UWB 通信

## 2. IEEE 802.11x(WLAN)

WLAN(Wireless Local Area Networks)是无线局域网络的简称。它是相当便利的数据传输系统,它利用射频(Radio Frequency;RF)技术,使用电磁波,取代旧式碍手碍脚的双绞铜线所构成的局域网,在空中进行通信连接。

(1)Wi-Fi

Wi-Fi(Wireless Fidelity)是一种允许电子设备连接到一个无线局域网(WLAN)的技术,通常使用 2.4 G UHF 或 5 G SHF ISM 射频频段。Wi-Fi 是一个无线网络通信技术的品牌,由 Wi-Fi 联盟所持有,很多人把 Wi-Fi 等同于无线网际网路是不对的(Wi-Fi 是 WLAN 的重要组成部分)。

Wi-Fi 发明人是悉尼大学工程系毕业生 Dr John O'Sullivan 领导的一群由悉尼大学工程系毕业生组成的研究小组,目前,我们每购买一台含有 Wi-Fi 技术的电子设备的时候,我们所付的价钱就包含了交给澳洲政府的 Wi-Fi 专利使用费。

Wi-Fi 技术传输的无线通信质量不是很好,数据安全性能比蓝牙差一些,传输质量也有待改进,但传输速度非常快,可以达到 54 Mbits,符合个人和社会信息化的需求。现在几乎所有智能手机、平板电脑和笔记本电脑都支持 Wi-Fi 上网,是当今使用最广的一种无线网络传输技术,如图 7-3-8 所示。

图 7-3-8　Wi-Fi 无线通信

（2）WAPI

WAPI（Wireless LAN AuthentICation and Privacy Infrastructure）是无线局域网鉴别和保密基础结构的简称,是中国提出来的无线传输的协议,如图 7-3-9 所示,是我国首个在计算机宽带无线网络通信领域自主创新并拥有知识产权的安全接入技术标准,同时也是中国无线局域网强制性标准中的安全机制。

Wi-Fi 和 WAPI 是当前全球无线局域网领域仅有的两个标准,相比 Wi-Fi,对于用户而言, WAPI 可以使笔记本电脑以及其他终端产品更加安全。WAPI 的安全性虽然获得了包括美国在内的国际上的认可,但是一直都受到 Wi-Fi 联盟商业上的封锁。一是宣称技术被中国掌握不安全,所谓的中国威胁论;二是宣称与现有 Wi-Fi 设备不兼容。从 2004—2011 年,只要是在美国举办的国际标准化组织会议,美国均拒绝给中方 WAPI 技术人员签证。中方不得不多次推迟到下一次非美国本土举行的会议上。2013 年斯诺登曝光棱镜计划为 WAPI 获得国际认可扫清了心理障碍。

2013 年 12 月,商务部公布的《第 24 届中美商贸联委会中方成果清单》显示 WAPI 的核心专利已在美国通过专利。至此,中、德、英、法、日、韩、美等多个国家已经承认 WAPI 相关的专利。

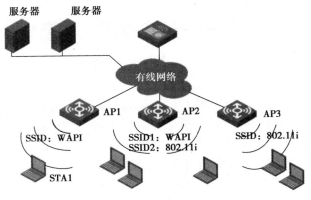

图 7-3-9　WAPI 无线通信

### 3. IEEE 802.16x(WMAN)

WMAN(Wireless Metropolitan Area Networks)是无线城域网的简称,主要用于解决城域网的接入问题,覆盖范围为几千米到几十千米,除提供固定的无线接入外,还提供具有移动性无线接入能力。WMAN 目标是要实现整个城市的无线网络连接,如图 7-3-10 所示。

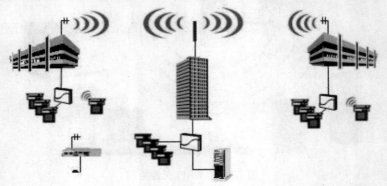

图 7-3-10　WMAN 无线通信

### 4. IEEE 802.20(MBWA)

MBWA(Mobile Broadband Wireless Access)是移动宽带无线接入系统的简称。应用在铁路、地铁以及高速公路、卫星通信等高速移动的环境中,如图 7-3-11 所示。

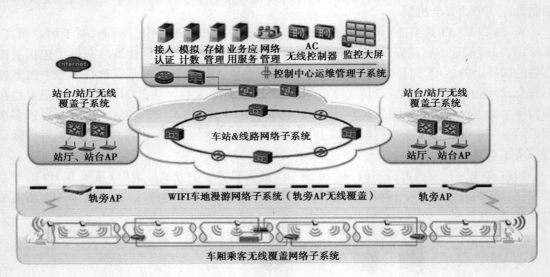

图 7-3-11　MBWA 无线通信

### 5. WWAN

WWAN(Wireless Wide Area Network)是无线广域网技术的简称,是使得笔记本电脑或者其他的设备装置在蜂窝网络(移动通信)覆盖范围内可以在任何地方连接到互联网。目前,4G移动通信中的 TD-LTE 和 FDD-LTE 两种制式,GPS,GPRS 等均属于无线广域网下的无线通信技术。这几种通信方式在项目三中的任务三已进行了详细讲解。

 **任务实施**

## 一、任务提出

利用智能手机,分别测试蓝牙的传输距离,以及 Wi-Fi 的耗电情况。此任务学生可以利用课余时间完成,只上交实训报告。

## 二、任务目标

①了解蓝牙传输信号与传输距离的关系。
②了解 Wi-Fi 通信的功耗情况。

## 三、实施步骤

1. 蓝牙传输距离的测试
①用手机连接蓝牙耳机播放音乐,蓝牙耳机距手机越远,音乐声音就越小,直至无声音。首先选择在操场进行测试,记录最大传输距离。
②选择在教学楼进行测试,记录最大传输距离。
③将蓝牙耳机和手机之间设置不同障碍物(例如墙、楼板、玻璃门、金属卷闸门等),进行多次测试,记录最大传输距离。
2. Wi-Fi 的耗电测试
①取 3 部不同型号不同品牌的智能手机,首先测试在关闭 Wi-Fi 待机情况下的手机耗电情况。
②将 3 部手机全部充满电,然后放在一起待机 2 h,观察 3 部手机在关闭 Wi-Fi 功能下的手机耗电情况,并作记录。
③将 3 部手机再全部充满电,然后同时开启手机 Wi-Fi 功能,将 3 部手机放在一起,放置于同一个 Wi-Fi 无线网络中待机 2 h,观察 3 部手机的耗电情况,并作记录。
实验结束后,分别撰写实验报告。

## 四、任务总结

本次实验任务需要学生利用课余时间进行完成,老师要根据实际情况布置任务,并督促学生及时完成。本次实验任务是每位学生生活中都会遇到的情况,对常识的探索,有利于激发学生的求知欲。

 **思考与练习**

1. 简述 IEEE 组织的工作职责。
2. 列写常见的无线通信协议,并说明其应用领域。
3. 思考:无线上网和有线上网相比,哪种上网速度快?为什么?

# 参考文献

[1] 王公儒. 综合布线工程使用技术[M]. 北京:中国铁道出版社,2013.

[2] 余明辉,陈兵,何益新. 综合布线技术与工程[M]. 北京:高等教育出版社,2013.

[3] 宋建锋. 综合布线工程使用设计施工手册[M]. 北京:中国建筑工业出版社,2001.

[4] 邓泽国. 综合布线设计与施工[M]. 北京:电子工业出版社,2015.

[5] 中国建筑标准设计研究院. 08X101-3 综合布线系统工程设计与施工[M]. 北京:中国计划出版社,2008.

[6] 樊昌信. 通信原理[M]. 北京:国防工业出版社,2012.

[7] 严晓华. 现代通信技术基础[M]. 北京:清华大学出版社,2010.

[8] GB 50311—2007《综合布线系统工程设计》[S].

[9] GB 50312—2007《综合布线系统工程验收规范》[S].

[10] 百度百科.

[11] 百度文库中相关网络资源.